U0344707

油气藏地质成因分析及应用

陈欢庆　著

石油工业出版社

内 容 提 要

本书在对大量国内外文献调研分析的基础上，阐述目前油气藏地质成因分析研究现状。结合科研实践，介绍了不同研究内容涉及的研究方法和技术、存在的主要问题和下一步的发展方向，对构造、储层和油气水分布特征等内容进行了详细分析，最后以松辽盆地火山岩、准噶尔盆地西北缘砂砾岩和辽河盆地砂岩储层等研究实例，介绍了油气藏地质成因分析的应用。

本书可以为从事油气田勘探开发及相关专业的管理人员、科研人员和工程技术人员、高等院校师生等提供参考。

图书在版编目（CIP）数据

油气藏地质成因分析及应用 / 陈欢庆著 .—北京：

石油工业出版社，2021.11

ISBN 978–7–5183–4817–6

Ⅰ．① 油… Ⅱ．① 陈… Ⅲ．① 油气藏 – 石油天然气地

质 – 成因 – 分析 Ⅳ．① P618.13

中国版本图书馆 CIP 数据核字（2021）第 167223 号

出版发行：石油工业出版社

（北京安定门外安华里 2 区 1 号　100011）

网　址：www.petropub.com

编辑部：（010）64253017　　图书营销中心：（010）64523633

经　　销：全国新华书店

印　　刷：北京中石油彩色印刷有限责任公司

2021 年 11 月第 1 版　2021 年 11 月第 1 次印刷

787×1092 毫米　开本：1/16　印张：11.75

字数：300 千字

定价：150.00 元

前言 /PREFACE

　　油气田开发中油气藏地质成因分析主要是基于地质、地球物理、地球化学、动态监测和生产动态等多种资料，从地质角度分析油气藏成因，确定油气藏成因的主要控制和影响因素，为储层表征、开发方案或调整方案中各种措施的实施提供参考和依据。目前在油气田开发中，特别是开发中后期，随着对计算机技术、各种数学和物理方法的充分重视和广泛应用，大多数研究都强调定量化，使得从地质成因角度对于构造、储层和油气水系统的研究工作逐渐弱化和淡化。因为油田开发中出现的问题很重要的一方面是由地质成因引起的，而地质成因又包含多种因素，忽略地质成因分析的趋势在生产实践中产生了一系列比较严重的后果。在上述研究中出现的一系列问题，严重制约了油气田开发水平和油气采收率的提高。当前在油气田开发中还有一种说法，叫作"肉烂了都在锅里"，认为地质研究可有可无，并不重要，只要重点关注开发工作，地下的油气迟早都会采出来，实际上这是十分错误的观点。油田开发专家裘怿楠教授指出，要开发好油田，必须认识油田，国内外很多油田的开发经验，一再证明了由于对油田地质特征认识不清，特别是由于大层段、大平均、笼而统之地研究油层，对油层认识不清，使得油田开发工作一直处于被动地位。而要正确认识油气藏的地质特征，成因分析至关重要。本书系统介绍了油气田开发中油气藏地质成因分析研究的内容、方法、存在的问题和生产实践应用等，以期为相关研究提供参考。

　　全书分为绪论、构造地质成因分析、储层地质成因分析、油气水系统地质成因分析和油气田开发中油气藏地质成因分析应用共五章。从油气藏地质成因分析的基础资料入手，总结该项研究的主要内容包括构造、储层和油气水分布特征共三方面。结合国内外研究现状，系统总结了油气藏地质成因分析的研究内容、研究方法、特殊类型油气藏地质成因分析，以及油气藏地质成因分析研究存在的问题和发展方向。油气藏地质成因分析方法主要包括野外露头和现代沉积考察、岩心观察描述、显微镜下薄片观察鉴定、地球物理解释预测、地质统计学方法、分析测试方法、各种物理模拟和数值模拟方法、油藏动态监测和生产动态方法等，并阐述了不同研究方法的优缺点。目前油气藏地质成因分析存在的问题主要包括重视程度不够、研究方法偏定性、地质成因分析和油气藏表征结合不紧密、油藏表征精度制约了地质成因分析的准确度、油气藏地质成因分析综合性不强、特殊类型油气藏地质成因分析还存在诸多难题等。该研究未来发展方向主要包括依靠油气藏地质成因分析解决油气田开发中的难题、通过各种模拟方法提高油气藏地质成因分析定量化水平、加强地质成因分析以提高油气藏表征水平、利用油气藏表征促进地质成因分析进步、拓展油气藏地质成因分析在油气田开发中应用的领域、特殊类型油气藏地质成因分析等。结合松辽盆地徐东地区营城组一段火山岩气藏、准噶尔盆地西北缘某区克下组冲积扇砂砾岩油藏和辽河盆地西部凹陷某蒸汽驱稠油油藏等研究实例，从构造地质成因分析、储层地质成因分析和油气水系统地质成因分析三方面入手，详细介绍了油气田开发中油气藏地质成因分析的研究内容。从高分辨率层序地层学精细划分地层中的地质成因分析、砂砾岩储层沉积成因类型对构型的控制和影响作用、火山岩气藏岩相特征及其对储层物性的影响、稠油热采储层渗流屏障地质成因特征、精细油藏描述中地质成因研究基础上的沉积微相地质建模和稠油热采储层地质体成因分类评价等方面系统阐述了油气田开发中油气藏地质成因分析的应用。

　　本书的内容主要来自笔者作为主要研究人员在参加 "十一五"国家科技重大专项"大型油气田及煤层气开发"项目 16 中课题 1 "含 CO_2 天然气藏安全开发与 CO_2 利用技术"、中国石油天然气股份有限公司精细油藏描述项目，以及大庆火山岩、新疆砂砾岩和辽河稠油等多个生产实践项目研究工作时取得的成果。

　　项目完成过程中，得到中国石油勘探开发研究院胡永乐教授、石成方教授、田昌炳教授、李保柱教授、张虎俊教授、高兴军教授、赵应成教授、冉启全教授等专家的指导和帮助，在此表示感谢！同时，感谢中国石油勘探开发研究院大庆火山岩项目组闫林博士、童敏博士、王拥军博士、张晶博士等，新疆砂砾岩项目组李顺明博士、蒋平博士等，辽河稠油项目组王珏工程师、杜宜静工程师、姚尧工程师等，精细油藏描述项目组洪垚硕士、隋宇豪硕士、别涵宇硕士等的指导和帮助！

　　项目完成过程中得到大庆、新疆、辽河、吉林、大港、长庆、冀东、华北、青海、玉门、吐哈、塔里木等油田相关领导专家的大力支持和帮助，在此表示衷心感谢。特别感谢中国石油勘探与生产分公司胡海燕副总地质师、王连刚处长、吴洪彪副处长、曹晨高级主管等专家的指导和帮助！

　　书中涉及内容比较广泛，由于笔者水平有限，疏漏和错误之处在所难免，敬请批评指正！

目录 /CONTENTS

第一章　绪　　论

油气田是受单一局部构造单元所控制的同一面积内的油藏、气藏、油气藏的总和（张厚福等，2007）。油气藏为油气在单一圈闭中的聚集，它是地壳上油气聚集的基本单元，具有统一的压力系统和油（气）水界面。油气田开发中油气藏地质成因分析主要是基于地质、地球物理、地球化学、动态监测和生产动态等多种资料，从地质角度分析油气藏成因，确定油气藏成因的主要控制和影响因素，为储层表征、开发方案或调整方案中各种措施的实施提供参考和依据（陈欢庆等，2019）。地质成因分析贯穿于油田开发的始终，在地层划分与对比、沉积相研究、储层评价、地质建模、流动单元研究等工作中都需要用到，其研究的精细和准确程度，甚至直接影响着对油气藏认识的精细和准确程度，因此受到越来越多油气田开发工作者的关注。

第一节　国内外研究现状

油气藏地质成因研究涉及的内容包括构造、储层和油水关系等多方面，国内外许多研究者都在开展这方面的工作（Mitchell J. Malone 等，2002；Lobach-Zhuchenko 等，2005；James F. Hogan 等，2007；朱家俊，2008；Sarmah 等，2010；Lianbo Zeng 等，2010；黄东等，2012；Mohamed A. Agha 等，2013；高永利等，2013；Yuce 等，2014；Kuniyuki Furukawa 等，2014；李浩等，2015；陈方举，2015；徐华宁等，2017；张雁等，2018；陈培元等，2019）。Mitchell J. Malone 等（2002）基于新泽西大陆架孔隙水和自生碳酸盐的组成和成因分析，研究了地质历史时期甲烷的变化对浅海系统的影响。结果表明，甲烷可能在被动大陆边缘长期的碳循环过程中扮演着十分重要的角色。Lobach-Zhuchenko 等（2005）对太古宇似玻辉安山岩组波罗的海地盾地质背景、地球化学特征及其对成因的影响进行了研究。James F Hogan 等（2007）对半干旱河流盐化的地质成因，即沉积盆地卤水作用进行了分析。结果表明，地下水中盐的地质来源的作用要大于农业灌溉中的蒸发作用。朱家俊（2008）以胜利油田东营凹陷油藏为例，对低孔低渗油藏具高含油饱和度的现象进行了地质成因分析。成果显示，影响含油饱和度的主要原因包括油气的成藏动力、储层的孔隙结构和油气成藏后上覆地层的继续沉积作用。Sarmah 等（2010）从界面张力和热重量分析两个角度研究了从原油中分离沥青所具有的不同地质成因。Lianbo Zeng 等（2010）主要利用野外露头和岩心观察以及室内实验的方法，对中国鄂尔多斯盆地上三叠统延长组横向断裂成因和地质意义进行研究。结果表明，断裂是注水开发过程中流体运动的主要通道，对油田开发具有十分重要的影响。黄东等（2012）以川西地区下二叠统栖霞组为例，对中国南方地区碳酸盐岩储层高电阻率水层地质成因进行了研究。Mohamed A Agha 等（2013）对埃及膨润土黏土矿物的地质成因进行了分析，研究中用到了黏土矿物的确定性预测方法。高永利等（2013）对鄂尔多斯盆地延长组特低渗透率储层微观地质成因进行了研究。结果表明，胶结物含量高、绿泥石含量较高且赋存形态复杂、岩盐含量及铁方解石含量较高、伊利石胶结物发育、浊沸石胶结物溶蚀效果差是导致特低渗透储层物性较差、孔隙结构复杂的关键因素。Yuce 等（2014）对土耳其哈塔伊省亚米克盆地流体循环成因、相互作用与水文、地质、构造背景等关系进行了研究。Kuniyuki Furukawa 等（2014）从地质、古地磁、岩石学重建等方面对日本阿苏市火山中丰富的角砾岩成因和分布模式进行了研究。李浩等（2015）通过岩矿成因机理、堆积方式及其形成背景等因素在测井信息上的解读，利用成因关系、差异比较等方法的测井信息地质属性分析，开展隐性测井地质信息研究。陈方举（2015）对贝尔凹陷南屯组钙质泥岩地质成因及其石油地质意义进行了研究，成果显示，钙质泥岩层具有高自然伽马、高电阻率、高声波时差、低密度的"三高一低"响应，在地震剖面上为连续强反射；该层形成于广阔湖盆、微咸水、深水沉积环境，沉积稳定且范围广，是凹陷重要的地层对比标志层。徐华宁等（2017）对珠江口盆地东部海域近海底天然气水合物进行了地震识别，同时分析了其地质成因。张雁等（2018）以松辽盆地大庆长垣为例，在地质成因分析基础上对砂岩储层微观孔隙结构分形特征分析。陈培元等（2019）基于地质成因分析，利用多参数开展碳酸盐岩储层定量评价。结果表明，单井储层综合评价结果与实际产能之间具有较好的正相关性。

总结目前国内外油气藏地质成因分析，研究的资料主要包括地质、地球物理、地球化学、各种分析测试、油藏动态监测以及生产动态等。涉及的研究内容方面，国外重点关注的是构造，特别是断裂，还有油气水的分布方面，而国内主要关注储层和油气水的分布。储层方面也主要是从沉积学角度分析储层形成的沉积环境、沉积成因模式等，油气水的分布方面主要关注低阻油层的成因、低孔低渗储层成因等。研究的对象包括碎屑岩、碳酸盐岩、火山岩等。目前，油气藏地质成因分析在油气田开发工作中发挥了巨大作用。但是随着计算机等相关技术方法的日益进步，在油气田开发研究中对于半定量和定量化研究手段的不断追求，地质成因分析逐渐被削弱。这种趋势也直接导致一个后果，就是好多油气田开发研究中遇到的问题无法被正确认识和解释，这严重影响了油气田开发水平的提高。因此，十分有必要对油气田开发中油气藏地质成因分析相关的研究做详细的梳理和总结，以引起更多研究者的重视，为油气藏高效开发提供参考。

第二节　油气藏地质成因分析资料基础

油气藏地质成因分析涉及面广，研究方法多种多样，因此工作中所使用的资料类型也很丰富，主要包括野外露头、现代沉积、岩心、薄片、测井、地震、分析测试、各种模拟实验、油藏动态监测和油气田开发等资料。笔者在进行准噶尔盆地西北缘某区冲积扇砂砾岩储层地质成因分析时，主要利用地质、岩心、测井等资料，通过岩心观察描述、分析测试资料的统计计算、测井曲线形态的对比等，结合区域地质背景来确定沉积相类型和沉积亚相类型，基于测井相分析，划分沉积微相和储层构型（图 1-1），将目的层储层 4 级构型划分为槽流砾石体、槽滩砂砾体、漫洪内砂体、漫洪内细粒、片流砾石体、漫洪外砂体、漫洪外细粒、辫流水道、辫流砂砾坝、漫流砂体、漫流细粒、径流水道和水道间细粒等 13 种类型。该研究属于油藏地质成因分析中储层地质成因分析的内容，由于储层属

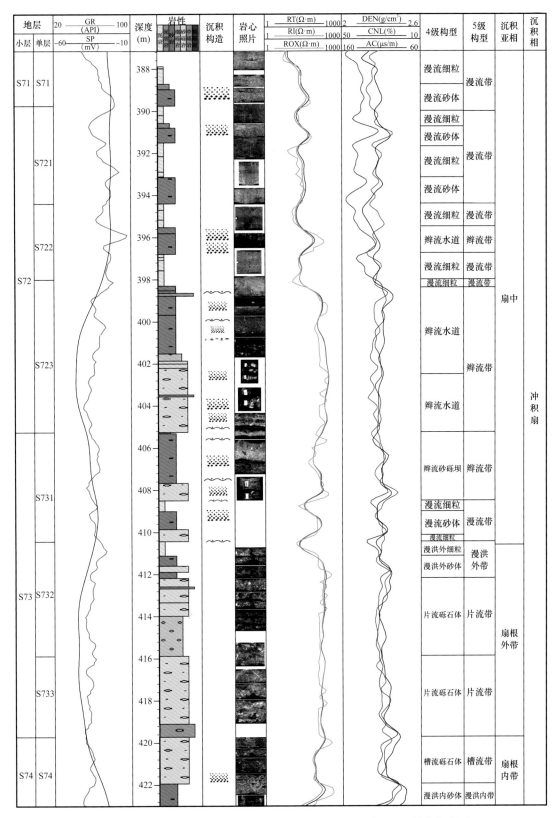

图 1-1　准噶尔盆地西北缘某区克下组砾岩储层 J4 井单井岩性综合柱状图

于多方面因素综合作用的结果，因此应该综合多方面资料分析，这样才能尽量避免多解性的影响。在构造和含油气性地质成因分析时也应该综合多种因素分析，避免多解性的产生。野外露头、现代沉积和岩心等资料虽然可以提供地质成因分析最直观的资料基础，但主要是定性研究方面，帮助研究者建立各种成因模式，要进行定量地质成因分析，还需要加大对测井、地震、分析测试、油藏动态监测和油气田生产动态等资料有效信息的挖掘。

第三节　油气藏地质成因分析研究内容

　　油气藏地质成因分析涉及的内容十分广泛，笔者认为主要包括以下 3 个方面。（1）构造地质成因分析，比如在构造解释中对断层、裂缝、微构造进行地质成因分析等。陈欢庆等（2016）在进行松辽盆地徐东地区营城组一段火山岩储层多信息综合裂缝表征时，首先从成因角度对裂缝进行了分类，并对裂缝的规模、发育的岩石类型和识别资料基础进行了探讨。（2）储层地质成因分析，储层地质成因分析涉及的研究内容最为广泛，比如沉积相研究中，基于岩石类型、沉积构造、泥岩颜色、生物化石、粒度分析、沉积旋回等资料对沉积微相类型的确定。孔隙结构研究中，通过地质成因分析，确定储层孔隙结构是原生孔隙、次生孔隙还是原生孔隙与次生孔隙并存，哪种为主？储集空间研究中基于地质成因分析，确定储层储集空间包括哪些类型，比如孔隙、裂缝、溶洞还是其他。储层综合定量评价中，在研究伊始，应该首先进行地质成因分析，确定储层地质成因，在此基础上优选适合的分类评价参数，进行储层定量评价。可以想见，如果缺失了储层地质成因分析的内容，储层定量评价很可能由于参数选择的失误出现偏差，甚至变成一场数字游戏。陈欢庆等（2017）在辽河盆地西部凹陷某试验区于楼油层储层定量评价时，首先进行储层地质成因分析，在此基础上优选能够充分反映储层影响因素的泥质含量、孔隙度、渗透率、储层厚度和非均质性渗透率变异系数等 5 项参数对储层进行综合定量评价，取得了较好的研究效果。（3）油气水系统地质成因分析，油气水系统在油藏内按照统一的气油、油水或气水界面存在时，说明在油气藏形成过程中，这一储层系统是相互连通的，称为一个油气水系统。油气水系统的分布和产状直接关系到储量计算和开发部署的决策，因此是油气田开发中非常重要的研究内容（裴怿楠等，1996）。油气水系统的地质成因分析主要是从地质角度，研究储层中油气水等流体分布特征，从深层次理解油气水分布规律的成因。Maciej J. Kotarba 等（2014）利用地质和同位素方法对波兰盆地远部石炭系和二叠系气态碳氢化合物、稀有气体、二氧化碳和氮气的成因进行了研究。笔者在研究辽河盆地西部凹陷某区油藏油水界面时，从重复式地层测试资料（RFT）上看，某井的地层压力在 1060m 深度发生大的变化，证实在上述深度附近存在油水界面，界面上下为不同的压力系统（图 1-2）。对于其余 2 口井的 RFT 资料的分析也是如此，这样可以初步确定目的层油藏的油水界面大致为 1060m 的地层深度，结合地质背景和构造演化历史确定目的层油藏属于构造—岩性油藏。

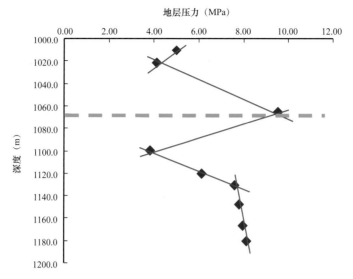

图1-2　辽河盆地西部凹陷某区于楼油层某井地层压力剖面特征（RFT资料，垂深）

第四节　油气藏地质成因分析的研究方法

受研究目的和资料掌握状况的影响，油气藏地质成因分析中可以用到多种方法，主要包括野外露头和现代沉积考察、岩心观察描述、显微镜下薄片观察鉴定、地球物理预测解释、地质统计学方法、分析测试方法、各种物理模拟和数值模拟方法等。

一、野外露头和现代沉积考察

野外露头和现代沉积考察是目前十分常见的油藏地质成因研究方法之一，前者主要通过对与研究区目的层基本地质特征类似的野外露头的断裂、岩性、各种沉积构造、生物化石等多种地质现象研究分析，认识研究对象构造和储层发育特征，总结构造和储层发育模式，帮助认识油藏地质成因要素，为油藏有效开发提供指导和帮助。后者主要是通过考察与研究区目的层沉积相类型相同或类似区域的河流、湖泊、三角洲等沉积现象，加深对沉积过程及沉积产物的认识，为认识油藏储层成因提供参考。中国在松辽盆地、鄂尔多斯盆地、四川盆地、准噶尔盆地等诸多含油气盆地具有现象丰富的野外露头和现代沉积资料基础，可以开展系统的油藏地质成因分析研究（图1-3）。在利用野外露头和现代沉积进行油气藏地质成因分析时，主要坚持"将今论古"的原则（冯增昭，1994）。需要特别指出的是，在利用野外露头和现代沉积进行油气藏地质成因分析时，必须进行对比，即将研究区目的层油气藏的基本地质特征与野外露头和现代沉积的基本地质特征进行类比，以确认从野外露头和现代沉积总结出的油气藏成因模式能够应用至研究区目的层油气藏中，必要时应该对相关的成因模式进行完善和修正。该方法的优点是直观且易于建立地质成因模式。条件允许的情况下，可以对野外露头地质剖面进行实测，获取一定数量的定量数据，实现半定量化地质成因模式研究。缺点是野外露头和现代沉积与地下油气藏的地质特征存在一定程度的差异，需要进行类比分析，成因模式在使用时容易产生偏差。

图 1-3　油气藏地质成因分析现代沉积和野外露头资料特征

（a）内蒙古呼伦贝尔彩带河曲流河特征；（b）西藏雅鲁藏布江曲流河特征（南迦巴瓦峰段）；（c）天津蓟州区中元古界常州沟组槽状交错层理；（d）天津蓟州区中元古界高于庄组波痕；（e）甘肃敦煌欢乐谷第四系风成沙丘—冲积扇沉积；（f）甘肃敦煌黑山嘴子浅棕红色砂质泥岩废弃河道沉积；（g）北京延庆千家店辫状河沉积特征；（h）陕西鄂尔多斯盆地延河剖面延长组断裂发育特征

二、岩心观察描述

岩心观察与描述是油藏地质成因分析十分重要的研究手段之一，其最大的优点就是可以直观刻画油藏构造、储层等最基本的特征。岩心观察描述研究中，可以认识储层构造发育的期次和规模、裂缝发育程度、岩性、沉积构造、岩石的粒度、分选、泥岩颜色、含古生物化石特征和磨圆、储层储集空间分布规律等。笔者进行辽河盆地西部凹陷某试验区于楼油层沉积相研究时，便充分利用岩心资料，开展相关的分析和研究，从岩心资料中可以很直观地观察到研究区目的层河道滞留沉积、槽状交错层理、水平层理、层理界面上被炭化的植物碎屑、腹足类和螺类化石等，从而确定目的层沉积亚相为扇三角洲前缘沉积，结合测井相分析，实现了目的层沉积微相分类（图1-4）。岩心分析虽然能够提供直观准确的构造、沉积学和含油气性等信息，但由于钻井只是"一孔之见"，这就需要在尽量保证岩心资料丰富和充分的基础上，尽量结合区域地质背景和测井、地震等资料进行综合分析，以避免由于地质成因多解性所导致的错误。岩心观察和描述方法最大的优势是能够获取地下储层最直观的资料，缺点是资料的数量有限，毕竟取心井的数量有限，而且基本上都是"一孔之见"，还需要配合地震等宏观资料信息进行综合分析判断。

三、薄片观察与鉴定

薄片观察与鉴定也是目前油藏地质成因分析中十分常见的方法之一，在显微镜下可以观察到薄片中微裂缝、原生孔隙、次生孔隙等储集空间特征及压实作用、溶蚀作用、胶结作用等成岩作用现象，这可以为油藏地质成因分析提供最直接的证据。沃马克·施密特等（1982）主要基于岩心薄片资料的观察分析，总结砂岩产生次生孔隙的作用为破裂作用、收缩作用、沉积颗粒和基质的溶解作用、自生孔隙充填胶结物的溶解作用及自生交代矿物的溶解作用。基于此从成因角度将次生孔隙划分为5种类型，分别是粒间孔隙、特大孔隙、印模孔隙、组分内孔隙和自生交代矿物溶解张开的裂隙。在薄片上可以直观观察到裂缝、储层岩石颗粒的压实作用、溶蚀作用、胶结作用等成岩作用现象。同时对储层储集空间也可以有初步的认识，比如对微裂缝、原生孔隙、溶蚀次生孔隙的观察和识别等，这就为油气藏地质成因分析提供了十分有效的手段。笔者在进行准噶尔盆地西北缘某区克下组冲积扇砂砾岩沉积储层地质成因分析时，对不同取心井岩心薄片进行了详细的观察和鉴定（图1-5），这为认识研究区目的层储层地质成因提供了坚实的基础。薄片观察与鉴定和岩心观察一样，都具有直观、真实的优点，缺点是受取心井数量和研究成本的限制，样品数量有限，而且样品的选择难度较大。同时薄片鉴定的结果受研究者的经验和研究水平等人为因素影响较大。

四、地球物理解释预测方法

地球物理既包括测井，也包括地震。测井方面油气藏地质成因分析包括基于测井相确定和划分沉积相等研究。地震方面既包括利用地震资料结合井资料进行断裂系统解释，也包括基于地震反演，对储层砂体的发育特征进行预测。目前还有部分研究者利用四维地震对油气田开发过程中含油气水的变化规律进行刻画。关于利用地球物理资料和手段进行油

图 1-4　辽河盆地西部凹陷某区于楼油层扇三角洲前缘沉积岩心特征

（a）J2，974.72~974.85m，灰褐色砂砾岩，河道滞留沉积；（b）J23-261，975.3~975.35m，灰褐色粉砂岩，板状交错层理；（c）J2，988.69~988.75，灰绿色泥岩，水平层理；（d）J22-10，994.78~994.88m，灰绿色泥岩，层理界面上炭化的植物碎屑；（e）J10-22，991.95~992.25m，粉砂质泥岩，腹足类化石；（f）J22-10，1049.53~1049.63m，灰色泥岩，螺类化石

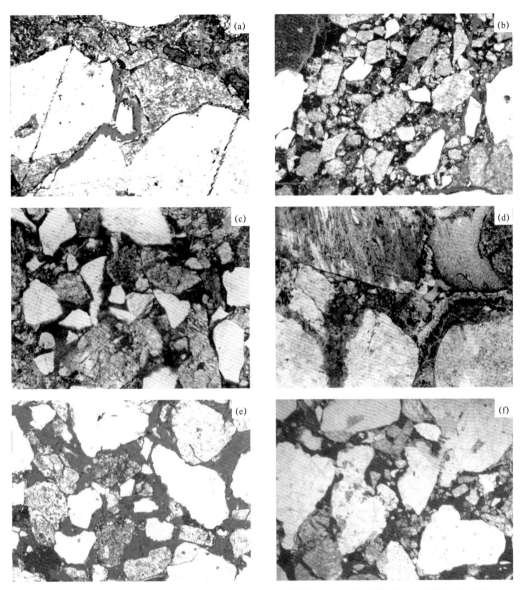

图1-5 准噶尔盆地西北缘某区克下组冲积扇砂砾岩储层岩心薄片微裂缝和孔隙结构特征

(a) J57,砂砾岩,微裂缝,443.19m,×25;(b) J6,含粒粗砂岩,微裂缝,剩余粒间孔,408.09m,×25;(c) T16,褐色不等粒砂岩,粒间溶孔、粒内溶孔,1017.98m,6.3×10;(d) T16,砂砾岩,粒内溶孔、白云石溶孔,1098.09m,5×10;(e) J3井,褐灰色砂砾岩,剩余粒间孔,416.20m,×25;(f) J1,含砾粗砂岩,剩余粒间孔,403.15m,×50

气藏地质成因分析,许多研究者都开展过相关工作。邱旭明(2011)对下扬子海相地层地震内幕反射的地质成因进行研究。通过对钻井资料、地层沉积成岩特征和地层速度分析,认为该区下古生界因成岩作用强烈,没有明显的速度界面,难以形成好的地震反射;而上古生界石炭—二叠系内部存在多个明显的速度界面,能形成较强的地震反射。笔者在中国南海某盆地进行储层研究时,紧密结合井资料和地震资料,通过取心井单井相分析和地震相分析来确定研究区目的层沉积相类型,从而实现地球物理储层预测和储层沉积成因分析的目标(图1-6;Chen Huanqing 等,2012)。地球物理预测和解释作为一种定量研究方法,越来越受到研究者的关注和重视。地球物理资料最大的优势是可以获取油气藏定量化的信息，既有井点信息，又包括空间分布信息。缺点是受地震资料的处理方法和分辨率的影响，断裂体系解释的精度还很难准确达到油气藏开发所需要的 5 级断裂等低级序断裂的要求，同时储层砂体的预测也受采集条件和深度等因素的限制，很难精确至米级。而且，对于像鄂尔多斯盆地长庆油田这样的低渗透油气藏，在多数情况下，地震资料是缺失的，只能依靠井资料来开展工作。

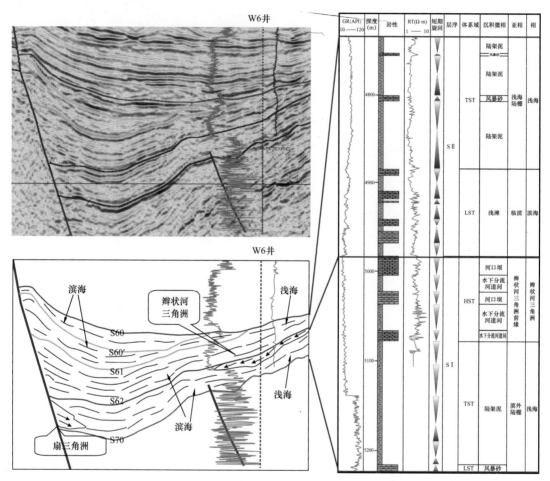

图 1-6　Q 盆地古近系陵水组深水区地震相和测井相结合沉积相解释特征（据 Chen Huanqing 等，2012）

五、地质统计学方法

地质统计学方法目前在油气藏地质成因研究中广泛应用。曾联波等（2008）在研究低渗透砂岩储层裂缝成因时，认为裂缝的破裂角受岩性和围岩（深度）影响。对吉林油田砂岩试样统计分析结果显示，相同的岩性，随着围岩（深度）的增加，岩石的破裂强度和弹性模量增大，则裂缝的破裂角明显变大。Cheng-Shin Jang（2010）应用大量多元统计分析台湾水化学性质和泉水的地质成因之间的关系，研究中用到了因子分析和判别分析方法。陈欢庆等（2014）在进行准噶尔盆地西北缘某区克下组冲积扇砂砾岩沉积储层沉积环境研究时，通过对储层粒度资料的统计分析，为沉积环境的确定提供了依据，该研究就用到了地质统计学方法。基于岩心粒度资料统计分析，绘制不同岩石类型粒度组分直方图，发现储层岩石分选差。同时绘制概率累计曲线，证明储层以粗粒沉积为主，而且岩石以滚动搬运组分和跳跃搬运组分为主，细粒的悬浮组分很少，这为冲积扇沉积环境的判断提供了有力的证据。笔者在进行辽河盆地西部凹陷于楼油层水淹层成因分析时，首先根据测井精细解释的成果统计分析，绘制不同单层水淹层平面分布图（图1-7）。如图1-7所示，水淹层主要分布于中部靠右的区域，而研究区左侧扩大试验区水淹状况就要好很多，这主要是由于蒸汽吞吐和蒸汽驱过程中，边底水的侵入所引起。

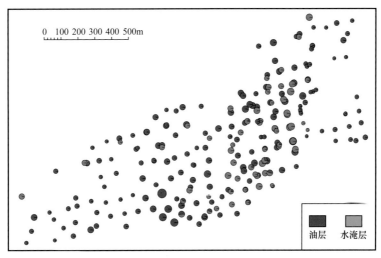

图1-7　辽河盆地西部凹陷某区于楼油层单层 y I $_1^{2c}$ 水淹层分布特征

六、分析测试方法

各种分析测试方法也是油藏地质成因分析十分重要的研究手段。分析测试的方法多种多样，主要包括扫描电镜、荧光图像分析、（恒速）压汞实验、核磁共振岩心实验、X—CT扫描实验、非线性渗流测试、碳酸盐矿物流体包裹体研究等（陈丽华等，2000；黄延章和于大森，2001；杨正明等，2012）。笔者在进行准噶尔盆地西北缘某区克下组冲积扇砂砾岩沉积储层地质成因研究时，就用到了扫描电镜方法。在扫描电镜图像上，不但可以确定矿物的组成成分，而且可以观察到裂缝、各种特殊矿物、成岩作用现象等（图1-8），这些都可以为认识储层地质成因提供坚实的依据。根据研究目的不同，各种分析测试方法在目前油气藏地质成因分析中广泛使用。分析测试方法最大的优点，除了可以提供详细的储层微观发育特征资料以外，是在油气藏构造和储层研究方面都可以用到。缺点是多数分析测试的成本较高，尤其是在目前低油价背景下，各大石油公司都将降本增效作为一项十分重要的原则来执行，这在一定程度上限制了该方法的使用范围和规模。

七、各种物理模拟和数值模拟方法

各种物理模拟和数值模拟也是十分重要的认识油气藏地质成因的方法。陈丽华等（2000）详细阐述了湖盆三角洲沉积过程数值模拟方法。沉积体系的数值模拟方法指的是用数学模型法来描述盆地内沉积体系的沉积演化过程，从而得出有关地质特征定量解释的一种研究方法。模拟地质过程主要有3个目的：（1）帮助更好地认识所模拟的物理过

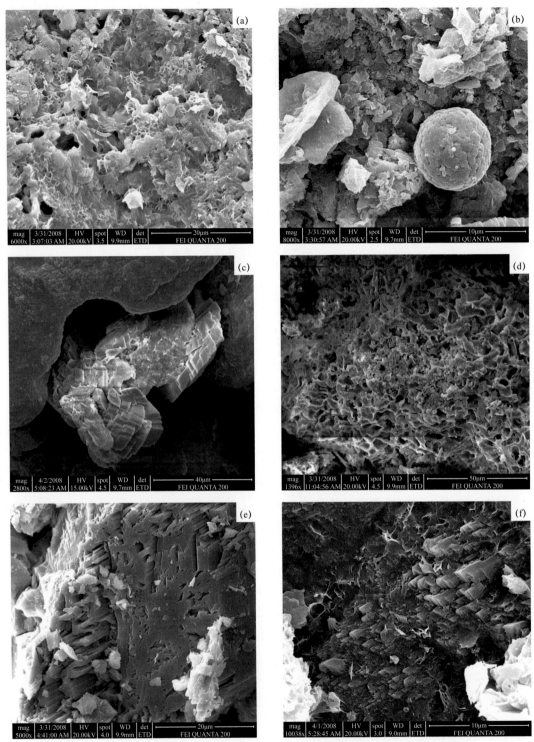

图 1-8　准噶尔盆地西北缘某区克下组冲积扇砂砾岩沉积储层岩心扫描电镜特征

（a）J2，砂岩颗粒表面伊/蒙混层黏土，945.3m，×6000；（b）J2，球粒状黄铁矿集合体，947.2m，×8000；

（c）J2，碳酸盐矿物，998.32m，×2800；（d）J2，生物骨架及生物孔，961.25m，×1396；

（e）J2，砂岩颗粒溶蚀现象，956.68m，×5000；（f）长石次生加大 I 级，979.32m，×10038

程；（2）通过模拟地质要素的形成过程来了解地质要素的现在结构；（3）预测地质过程在将来所产生的影响，以便于工程和环境的管理。该类研究方法还包括水槽沉积模拟实验、微观驱油实验、微观渗流实验等。刘显太等（2014）对三角洲储层中河口坝形成与演化的主控因素进行了分析，认为底形坡度、物源供给、流量大小、构造沉降、相对湖水位升降等对河口坝的发育都具有十分重要的影响（图1-9、图1-10）。对于底形平缓或较小坡度的环境，水深变化小，形成河口坝相对容易保存。底形坡度平缓的环境中，水系发散，砂体具有分布范围广的特征，有利于河口坝砂体保存（图1-9）。枯水环境下，由于河流流量低，多数河流水量减少甚至断流，三角洲平原砂体大部分出露，分散的小股水流水动力不足以搬运粗颗粒沉积物，主要携带较细颗粒沉积物，形成粒度较细的小规模河口坝（图1-10）。水槽实验的优势是可以直观地半定量或者定量分析储层沉积成因过程。该类方法最大的特点是可以直观观察油气藏地质成因过程，缺点是需要对模拟过程和地下地质实际做对比分析，在数值模拟和物理模拟时需要对基本的地质成因条件进行一定程度的适当简化，该过程受研究者的经验和研究水平影响较大，同时实验条件和模拟软件等也可以对研究结果产生一定的影响。

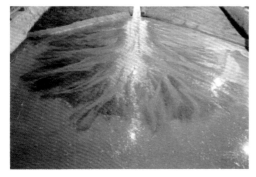

图1-9 平缓坡度下发散水系形成连片河口坝示意图（据刘显太等，2014）

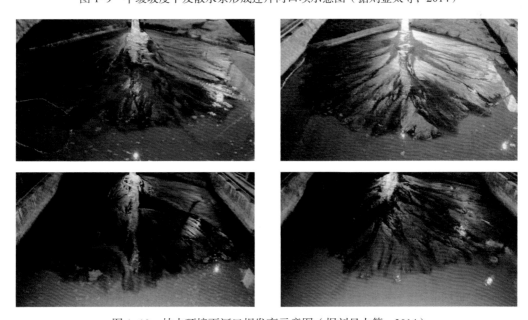

图1-10 枯水环境下河口坝发育示意图（据刘显太等，2014）

八、油藏动态监测和生产动态分析方法

油藏动态监测和生产动态分析方法也可以用来进行油气藏地质成因分析，该方法主要是基于不同监测数据在开发过程中的变化或者油藏不同区域和生产层位井产量等变化来反推油藏地质成因特征。总体上，该方法目前在油气藏地质成因分析中应用较少，还存在诸多问题。笔者在对辽河盆地西部凹陷某蒸汽驱试验区于楼油层沉积微相研究时就用到了油藏动态监测方法。选取 Z1 井和 Z2 井两个井组（图 1–11），其中 Z1 井和 Z2 井为注汽井，井点为空心圆的井属于井组中蒸汽前缘未监测井，实心圆的井均为蒸汽前缘监测井。通过对 Z1 井和 Z2 井注入的蒸汽前缘的监测，分析注汽井和采油井之间储层的连通关系。需要特别说明的是，研究区储层疏松，成岩作用很弱，所以储层性质主要受沉积微相的控制。以 Z1 井组为例，蒸汽受效优势井为 B1 井、B2 井、B3 井、B4 井和 B8 井，B5 井、B6 井和 B7 井为次蒸汽受效优势井，B9 井、B10 井和 B11 井为蒸汽驱前缘未受效井。分析原因可知，受效明显的井主要与物源方向平行，说明蒸汽驱前缘受沉积微相控制明显，主要沿主流线方向突进，而 B9 井、B10 井和 B11 井未受效，主要是由于距离注汽井 Z1 井较远，由于水下分流河道分流改道频繁，主河道变化，导致储层连通性变差所致，井组 Z2 也有类似的规律。该实例说明，可以利用动态监测方法来进行储层沉积学研究，确定储层沉积物源等信息。

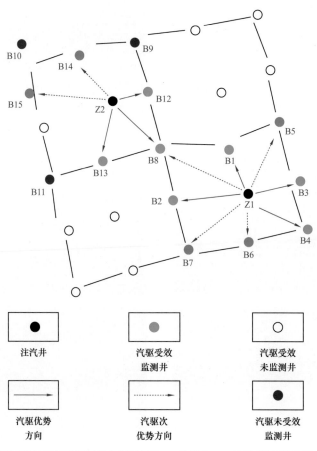

图 1–11　辽河盆地西部凹陷某区于楼油层 Z1 井组和 Z2 井组蒸汽驱前缘监测状况图

第五节 特殊类型油气藏地质成因分析

常规油气藏地质成因分析目前已经比较成熟，例如在储层地质成因方面，主要受3个方面因素控制和影响，即构造因素、沉积因素和成岩作用，只是在不同的研究区和目的层位，这3种因素此消彼长，各有差异。对于低电阻率油层、高放射性储层等特殊油气藏，其地质成因还没有形成共识，还有许多未解的难题，因此也成为研究者关注的焦点，本书将其单独列出进行介绍。

回雪峰等（2003）对大港油田原始低电阻率油层地质成因进行了分析，结果表明，形成原始低电阻率油层的主要原因是弱水动力沉积条件和成岩作用形成的次生孔隙。周凤鸣等（2008）对南堡凹陷低电阻率油气层综合识别方法进行了探索（图1-12）。成果显示，岩性、物性、地层水性质的剧烈变化以及盐水钻井液深侵入是导致储层电阻率大幅降低、油水层电性特征差异减小的两大主要因素。33号、39号层厚度较薄，但孔隙度基本相当，电阻率均为$10\Omega \cdot m$左右，简单的定性解释极易误判。分析认为，33号层岩性更细，束缚水含量高，依据R_{wa}（R_t）—ΔGR交会图版解释为油层，39号层为水层（图1-13）。试油结果验证39号层日产水$33.8m^3$，无油；而33号层日产油12.7t，日产水$0.3m^3$。吴健等（2015）基于自然伽马能谱和成像测井资料，参考岩心分析资料，对北部湾盆地高放射性储层地质成因进行了分析。结果表明，地层具有高放射性的主要原因是富含钾长石，结合区域构造和沉积特征，进一步指出这是近物源、短距离搬运和快速沉积的结果。总体上，目前在特殊类型油气藏地质成因方面的研究主要集中在含油气性方面，而对于构造和储层研究的较少。特殊类型油气藏成因一般都与常规的认识差异较大，在研究时应该打破常规思维的局限，以充分的资料分析为基础，作出适合的解释。

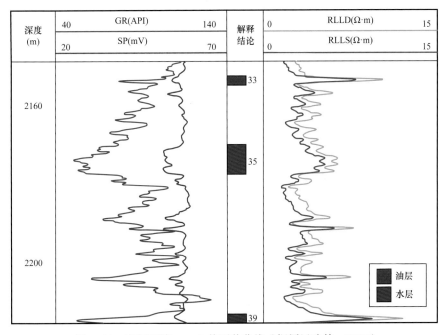

图1-12 南堡凹陷××3井测井曲线（据周凤鸣等，2008）

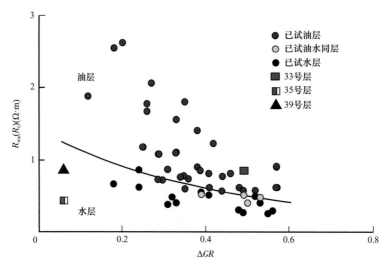

图 1-13　南堡凹陷 ××3 井 R_{wa}（R_t）—ΔGR 交会图版解释结果（据周凤鸣等，2008）

第六节　地质成因分析存在问题和发展方向

地质成因分析目前几乎存在于油气田开发各方面研究工作之中，虽然经历了较长时期的发展，但还存在一系列问题，需要在以后的工作中持续攻关解决。

一、油藏地质成因分析存在的问题

根据国内外相关文献调研的结果，结合自身科研实践，笔者认为，目前油藏地质成因分析还存在如下问题。

（1）油气藏地质成因分析在油气田开发中的重要作用和意义还没有被充分认识，重视程度不够。目前在油气田开发中，研究者更多地关注是什么的问题，而对为什么的问题重视不够。往往重视构造、储层等表征，而对其成因分析的较少。

（2）研究方法偏向于定性，定量或半定量的方法需要加强。对于油气藏地质成因分析，多基于野外露头和现代沉积的考察、岩心的观察描述、显微镜下薄片鉴定等定性方法，而各种物理模拟和数值模拟方法应用的还较少。建议在条件允许的情况下，开展野外露头剖面的实测、岩心和显微镜下薄片资料的地质统计分析，来提高油气藏地质成因分析的定量化研究水平。

（3）地质成因分析和油气藏表征结合程度不够，造成油气藏表征出现偏差。例如在储层定量分类评价时，应该在地质成因分析的基础上优选能够充分体现储层成因影响因素的参数，借助 SPSS 等定量计算平台，开展工作。如果地质成因分析缺失或做得不好，很难保证参数选择的合理性，储层定量评价结果的正确性可想而知。

（4）构造和储层等解释和预测精度的限制，在一定程度上制约了地质成因分析研究的准确程度。受地震资料采集和处理精度的限制，在微构造和薄砂层解释预测方面，地震资料还很难满足开发中后期调整方案编制的需求，导致微构造和窄薄砂体的研究成果出现偏差，从而在一定程度上误导油气藏地质成因分析。

（5）油气藏地质成因分析综合性不强，很难解决地质成因多解性的问题。由于地质成因的复杂性和各种研究资料自身的局限性，需要研究者在工作过程中尽量综合地质、地球物理、分析测试和各种动态数据综合分析判断，确定主要的地质成因因素，为构造解释、储层预测和油气水层判别提供依据。

（6）各种特殊类型油气藏地质成因分析还存在许多未解的难题，需要加强攻关。朱家俊（2006）对济阳坳陷低电阻率油层的微观机理及地质成因进行了研究。结果表明，引起油层视电阻率降低的微观因素主要有：① 储层含高矿化度的地层水；② 储层所含黏土矿物的附加导电；③ 储层微孔隙发育。储层地质成因分析涉及的内容多种多样，受技术条件、认识水平等的限制，目前还存在许多问题，这就需要研究者正确认识，持续攻关。

二、油藏地质成因分析发展方向

根据国内外相关文献调研的结果，结合自身科研实践，笔者认为，目前油藏地质成因分析未来主要有以下的发展方向。

（1）油气田开发中遇到的井间连通性、注采井网调整、滚动扩边等问题，需要从油气藏地质成因角度寻找答案。单纯强调数理统计、地质建模等定量研究，很难从深层次认识和解决各种开发实践问题。

（2）各种物理模拟和数值模拟方法的应用，提高了油气藏地质成因分析的定量化研究水平。胡加山等（2009）从重力正演模拟出发，分析了东营凹陷南部可能产生重力异常的地质因素，以及不同地质体的重力响应形态。

（3）油气藏表征中加强地质成因分析的力度，不断提高成果的合理性将是地质成因分析的重要发展方向。油气田开发中涉及的研究内容包括构造、储层和流体等诸多方面，几乎每方面的工作都需要进行地质成因分析，只有充分将油气藏表征和地质成因分析有机结合，才能真正提高油气藏表征水平，为油气田开发提供坚实依据。

（4）油气藏表征和地质成因分析相辅相成，前者研究水平的提高，也可以促进地质成因分析研究进步。通过油气藏表征水平的提高来促进地质成因分析的发展必将成为油气藏地质成因分析重要的研究方向之一。

（5）油气藏地质成因分析在油气田开发中应用的领域不断扩展，在构造解释、砂体预测和油气水分布规律刻画方面的作用越来越重要。陈欢庆等（2014）基于岩石学、沉积组分、沉积构造、结构成熟度、沉积旋回特征及扇体规模的分析，确定准噶尔盆地西北缘克下组冲积扇属于湿润型向干旱型过渡的中间类型。这就为储层构型研究中砂体形态的预测提供了坚实的基础，因为不同类型冲积扇发育的砂体形态差异巨大。

（6）特殊类型油气藏地质成因分析是目前研究的热点和难点，该方面的研究必将成为地质成因分析研究的重要发展方向。李宇平等（2015）对西藏地区伦坡拉盆地牛堡组原油稠化地质成因进行研究，构造解释和岩心观察均显示断裂及高陡裂缝发育，导致原油轻组分散失，故油质偏稠。

储层地质成因分析可以从源头上认识目前油气田开发中遇到的诸多难题，为改善开发效果和提高石油采收率提供依据。储层地质成因分析总的发展趋势是结合多种资料和方法，综合判别分析，不断提高研究的定量化水平，以解决生产实践中的具体问题为目标，加强研究者对油气藏的认识程度，为油气田高效开发提供基础。

第七节 小 结

（1）油气藏地质成因分析对油气田开发具有十分重要的意义，该项研究的主要内容包括构造、储层和油气水分布特征三个方面，其中储层研究的内容最广泛。油气藏地质成因分析的主要方法包括野外露头和现代沉积考察、岩心观察描述、显微镜下薄片观察鉴定、地球物理预测解释、地质统计学方法、分析测试方法、各种物理模拟和数值模拟方法等。不同方法各有优缺点，实践中应该结合使用，优势互补。

（2）目前储层地质成因分析存在的主要问题包括：① 油气藏地质成因分析重视程度不够；② 研究方法偏向于定性，定量或半定量的方法需要加强；③ 地质成因分析和油气藏表征结合程度不够，造成油气藏表征出现偏差；④ 构造和储层等解释和预测精度的限制，在一定程度上制约了地质成因分析研究的准确程度；⑤ 油气藏地质成因分析综合性不强，很难解决地质成因多解性的问题；⑥ 各种特殊类型油气藏地质成因分析还存在许多未解的难题。

（3）油藏地质成因分析发展方向主要包括：① 油气田开发中遇到的多种问题需要依靠油气藏地质成因分析来解决；② 各种物理模拟和数值模拟方法的应用，提高了油气藏地质成因分析的定量化研究水平；③ 油气藏表征中加强地质成因分析的力度，不断提高成果的合理性将是地质成因分析的重要发展方向；④ 油气藏表征和地质成因分析相辅相成，前者研究水平的提高，也可以促进地质成因分析研究进步；⑤ 油气藏地质成因分析在油气田开发中应用的领域不断扩展；⑥ 特殊类型油气藏地质成因分析必将成为地质成因分析研究的重要发展方向。

第二章 构造地质成因分析

构造地质成因分析，在油气田开发中具有十分重要的作用。通过构造地质成因分析，可以使研究者充分认识构造发育基本特征，特别是断裂体系的成因机制，从而为构造精细解释和准确刻画奠定坚实的基础（陈欢庆等，2019）。而构造精细解释又可以为油气田开发阶段认识油气水系统、储量计算、剩余油表征等研究提供帮助。同时构造地质成因分析在裂缝表征过程中也极为重要，是裂缝分类的基础。

第一节 油气田开发中构造地质成因分析进展

对于油气田开发阶段而言，构造地质成因研究关注的重点与勘探和评价阶段有很大差异。勘探和评价阶段，构造地质成因可能主要关注构造演化历史和断裂体系的发育历史、断裂发育的期次和相互之间的影响、地应力的方向、三级及以上断层的发育状况和分布位置等。而开发阶段主要是关注三级及以下断层的发育特征以及微构造发育规律等，以期达到提高油气开发效果和剩余油表征的目标。由于目前在油气田开发中，特别是开发中后期，随着计算机技术和各种数学和物理方法的重视和广泛应用等，大多数研究都强调定量化，使得从地质成因角度对于构造开展研究的工作逐渐弱化和淡化。这种"室内地质研究"的趋势在生产实践中产生了一系列比较严重的后果。以中国石油为例，一个很明显的现象是目前从东部到西部，对于同一个区块，相同的层位，各油田的构造解释成果几乎每年都会变化，而且有时变化还会很大，甚至到了开发阶段还是三级及以上断层解释成果的变化。这固然受资料的逐渐丰富和研究者经验不断积累等因素影响，但对于构造缺乏从成因角度的深刻认识才是最根本的原因。如果充分认识到研究区目的层的构造演化期次，明确了地应力的方向，搞清楚地层岩石类型特征等，这种现象应该很难出现，至少会在很大程度上缓解。构造特征很难精细准确解释的问题目前已经成为油气田开发中一项十分棘手的难题，极大地制约了油气田高效开发和油田提高采收率各种措施的顺利实施。所以本次研究旨在通过对油气田开发中构造地质成因分析的国内外研究现状调研对比、构造地质成因研究内容的总结梳理、构造地质成因分析方法的介绍，包括每一种方法的优缺点的分析，深入探讨目前油气田开发中地质成因分析存在的问题，指出该项研究的发展方向，最终为油气田开发阶段构造地质成因分析提供帮助。

一、目前构造地质成因分析研究现状

构造地质成因分析广泛存在于几乎所有类型矿产（包括但不仅限于油气）的相关研究中。虽然本次研究关注的重点是油气田开发中构造地质成因分析，但通过对于包括各种类型固体矿产研究中构造地质成因分析的全面调研，可以为我们提供一定的参考。本次研究对目前国内外构造地质成因分析的现状进行了系统的调研和梳理。

Hofmann 等（2003）对津巴布韦克拉通铁矿石带的构造成因和其对绿岩带的地质意义

进行了研究。Li 等（2004）研究了大澳大利亚湾海平面升降和新近系不整合面构造成因。James 等（2006）利用沉积和构造方法研究了大澳大利亚湾上新世罗伊平原及其钙屑灰岩层成因。上新世构造和沉积综合分析表明，该钙屑灰岩层的范围可能从盆地倒转的部位延伸到被动大陆边缘。Margot Mcmechan（2007）对英属哥伦比亚东南部斯基纳断折带异常横断构造类型、成因和构造意义进行了研究。Juan Jiménez-Millán 等（2008）研究了西班牙东南部科迪勒拉山贝蒂斯地区控制锰铁外壳的成因，结果认为，地球化学和矿物学证据证实构造和沉积因素为主控因素。Casas-Sainz 等（2009）对伊比利亚半岛地貌的构造成因进行了研究。Jacques Charvet 等（2010）以武夷山和周边地区为例，基于泥盆系不整合之前构造形成数据，研究了中国南方早古生代造山带构造发育特征，总结了洲内造山带成因。Seok-Jun Yang 等（2013）对韩国西南部西归浦城山日出峰地区尤恩桑和摩西亚构造成因低硫化作用浅成热液 Au—Ag 沉积进行研究。Hassan Ibouh 等（2014）对摩洛哥高阿特拉斯山伊米奇地区所谓的火山坑湖构造—岩溶成因进行研究。结果表明，没有任何地质方面的证据证明该地区的湖泊形成于陨石撞击成因。Botros（2015）研究了花岗岩的侵入和构造背景对埃及金矿成因的影响和控制作用。Saalmann 等（2016）研究指出，乌干达阿斯旺剪切带的年代、构造演化和成因，在收敛期激活了东非造山带倾斜的斜坡。阿斯旺剪切带是东非一个以北西—南东向延伸长度超过 1000km 的构造。该剪切带外形陡峭，向北东向倾斜，向上可以达到 11km 宽。糜棱岩剪切带表现出多种易碎再生阶段。Emily H.G. Cooperdock 等（2018）根据深海保存的 HP/LT 俯冲复合物地球化学特征，研究了希腊锡罗斯岛蛇纹岩的构造成因。工作中用到了整个岩石微量元素、主要地球化学和稳定同位素（δD 和 δ¹⁸O）分析的方法。

国内也有许多研究者从事构造地质成因相关的研究。刘泽容等（1998）主要以渤海湾、中国东部断陷盆地为例，从断层封闭性研究和断块群模式两方面对断块群油气藏形成机制和构造模式进行分析。张学汝等（1999）将变质岩储层的构造裂缝发育影响因素总结为岩性、断裂、深度和古风化作用等 4 种。曾联波等（2001）将低渗透储层裂缝研究方法总结为地质分析方法、常规测井识别与评价方法、成像测井识别与评价方法、裂缝地震检测方法、构造裂缝预测方法、裂缝油藏工程分析方法等多种类型。袁士义等（2004）利用野外露头、岩心、测井、动态方法和地应力场研究等进行裂缝性油藏研究。谢建华（2006）利用数值模拟研究的方法对南海新生代构造演化成因特征进行了研究。李新红等（2009）以江苏高集油田为例，研究了微构造特征及其对油水分布的控制作用。张勤等（2012）利用渭河盆地 2011—2008 年高精度 GPS 监测资料，结合区域构造特点建立了渭河盆地有限元动力学模型，基于此研究了区域现今地壳应力场特征，深入分析了构造应力场与盆地内地裂缝群发之间的内在关系，首次基于空间大地测量定量地揭示出了区域构造应力场与盆地内地裂缝群发的内在动力学联系，及盆地东、西部地裂缝分布不均衡的根本成因。刘寅等（2014）对渤海湾盆地与苏北—南黄海盆地构造特征及成因进行了对比。张卫海等（2015）主要依靠高精度三维地震资料对金湖凹陷铜城断层构造特征及其成因进行了分析。胡秋媛等（2016）对准噶尔盆地车排子凸起构造演化特征及其成因进行了研究，研究中利用构造物理模拟实验再现了研究区构造演化过程。董冬等（2017）对济阳坳陷曲堤断鼻应力成因机制及对构造和油气的控制作用进行了研究。王建民等（2018）对鄂尔多斯盆地伊陕斜坡上的低幅度构造特征及成因进行探讨。结果表明，鄂尔多斯盆地伊陕斜坡上的低幅度构造广泛发育，构造应力场作用是区内低幅度构造拥有定向性延伸、排列式褶合、规模化发育、区域性展布、继承性演化等基本特征的源动力。对比分析国内外相关研究的差异（表 2-1），国外构造地质成因分析研究涉及面更广，研究手段和方法更丰富，地质建模的研究水平高，整体上得到广泛重视。而国内对于裂缝地质成因研究更加重视，物理模拟实验研究水平较高，在微构造地质成因研究方面取得了重要进展。国内在油气田开发中开展构造地质成因研究时应该充分重视借鉴国外经验，不断提高研究水平。

表 2-1　国内外构造地质成因分析研究现状对比（据刘泽容等，1998；张学汝等，1999；Hofmann 等，2003；Q. Li 等，2004；袁士义等，2004；James 等，2006；谢建华，2006；Margot Mcmechan，2007；Juan Jiménez-Millán 等，2008；Casas-Sainz 等，2009；李新红等，2009；Jacques Charvet 等，2010；曾联波等，2010；张勤等，2012；Seok-Jun Yang 等，2013；Hassan Ibouh 等，2014；刘寅等，2014；N.S. Botros，2015；张卫海等，2015；Saalmann 等，2016；胡秋媛等，2016；董冬等，2017；Emily H.G. Cooperdock 等，2018；王建民等，2018）

	优点	不足
国外	（1）在固体矿产构造地质成因方面做了大量工作，进展很大； （2）研究内容涵盖断层、裂缝等各个构造类型的方方面面，内容丰富； （3）研究方法包括野外露头等基础地质、岩石学方法、流体包裹体分析、同位素分析、地球化学方法、井震结合构造解释、盆地数值模拟等多种； （4）利用地质建模方法研究构造地质成因，取得丰富成果； （5）研究对象涉及碎屑岩、碳酸盐岩、火山岩、变质岩等多种成因类型储层； （6）基于构造地质成因分析，刻画各类矿产的地质成因和在空间上的分布规律； （7）将构造成因分析和沉积相分析、成岩作用研究等结合，分析储层地质成因，为固体矿产预测和油气勘探开发提供支持； （8）从美洲、亚洲、欧洲、非洲、大洋洲等世界各地都有专家从事构造地质成因研究，该项研究在世界范围内得到充分重视	（1）对于油气勘探开发相关的构造地质成因研究较少，需要加强； （2）宏观方面的构造地质成因分析很重视，但微观方面，特别是裂缝地质成因分析较少； （3）整体上测井资料在构造地质成因研究中的应用还不充分； （4）需要重视微构造地质成因研究，特别是其在剩余油表征中的应用研究
国内	（1）除了固体矿产方面，在油气勘探开发领域，也有众多研究者从事构造地质成因研究，并取得了一定成果； （2）研究内容方面，宏观方面的构造解释和微观方面的裂缝地质成因研究都很重视； （3）研究方法以基础地质、井震结合精细解释、构造成因物理模拟实验等为主； （4）利用岩心观察与描述、镜下薄片观察和微观物理模拟实验等从微观角度进行构造地质成因分析较成熟，取得了丰富的研究成果； （5）对微幅度构造研究充分重视，特别是小断层和微构造等地质成因研究进展较大，基于微构造地质成因分析基础上的剩余油表征在生产实践中初见成效； （6）重视构造成因模式的总结，以此为基础刻画油气藏发育特征并预测有利储层分布位置	（1）进行构造地质成因研究时，与沉积学分析和成岩作用等相关学科的结合不够，考虑问题比较局限； （2）地质建模方法，特别是裂缝地质建模方法还存在很大问题，需要加强攻关； （3）总体上构造成因分析中还是以地质、地球物理和物理模拟实验等定性研究方法为主，应该加强定量研究方法的应用； （4）研究对象以碎屑岩为主，碳酸盐岩和火山岩等涉及较少

二、油气田开发中构造地质成因分析的内容

油气田开发中构造地质成因分析涉及内容非常广泛，大体包括以下几点：（1）通过

构造演化历史分析和地应力场等研究，确定断裂体系等构造地质成因，为断裂体系的准确组合和发育规律刻画等提供依据。该部分内容在油气勘探工作中是关注的焦点，但目前在油气田开发中重视程度还远远不够。需要强调的是，油气田开发中需要对勘探阶段提交的构造地质成因研究成果进行比较简单的验证和检验。确定构造演化阶段的划分、三级以上断裂体系的组合成果、地应力方向的认识成果等的准确性，使后续的工作建立在较准确的构造特征认识基础之上。（2）井震结合开展精细的构造解释和断裂体系的平面组合，在刻画构造发育规律的基础上，分析构造分布特征的地质成因（图2-1、图2-2）。建立构造成因模式，并分析其对于油气藏发育特征的控制作用。Maarten P. Corver 等（2009）从构造成因、演化历史和区域含油气性三个方面对潘诺尼亚裂谷盆地体系进行分类，研究共分为以下步骤：① 证明盆地演化模式与地球动力学有关；② 利用类似的构造—地层演化和油气系统发育特征来进行盆地分类；③ 分析盆地圈闭类型和演化历史之间的关系；④ 利用热演化模型计算油气运移分带特征。李相博等（2013）对鄂尔多斯盆地中生界低幅度隆起构造成因类型及其对油气分布的控制作用进行了分析。结果表明，鄂尔多斯盆地天环坳陷东、西斜坡均存在大量有规律分布的低幅度隆起构造，其中延长组内沿近东西向、成排展布的大型低幅度鼻状隆起构造主要受基底古突起控制，而延长组与延安组内的局部隆起构造主要受断层相关褶皱、差异压实及复合成因等多重作用控制。（3）对野外地质露头观察、测井解释、地震解释、分析测试、物理模拟和数值模拟等构造地质成因研究方法进行探索和改进，以满足油气田开发对该项研究精度和准确度要求的不断提高。A. Martín-Izard 等（2009）利用断裂群分析理论、流体包裹体研究、稳定同位素数据等证据研究了西班牙里昂 Escarlati 沉积中 Sb—Hg 岩脉的成因和构造演化控制作用。（4）综合野外地质

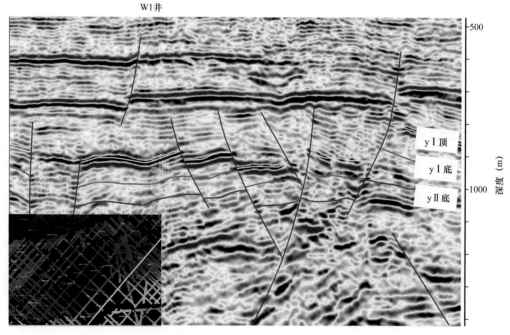

图 2-1　辽河盆地西部凹陷某区于楼油层井震结合断裂解释剖面特征

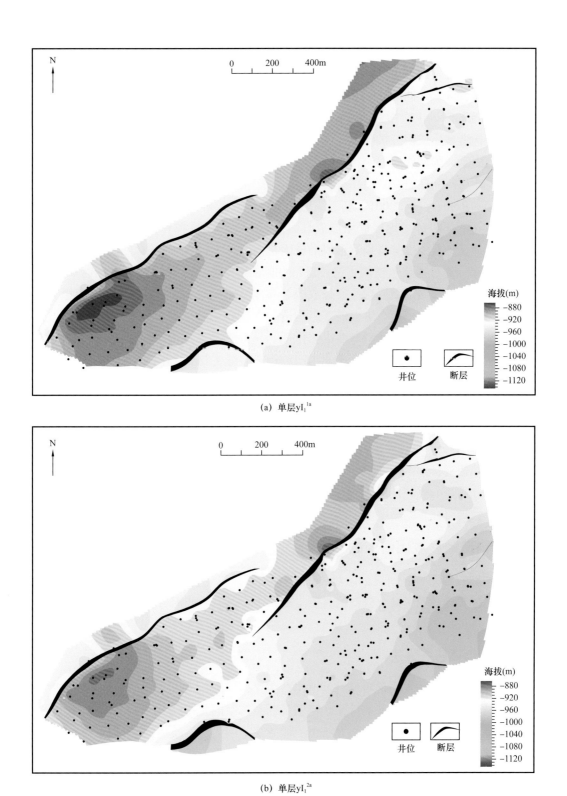

(a) 单层yI₁¹ᵃ

(b) 单层yI₁²ᵃ

图 2-2 辽河盆地西部凹陷某区于楼油层不同单层顶面构造图

露头、岩心、镜下薄片、测井、地震、各种分析测试、动态监测和开发动态等资料，开展储层地质成因分析，确定构造成因的主要控制因素。构造地质成因一般受多种因素控制，在实践中应该充分发挥不同资料的优势，尽量减少各类资料的缺陷，优势互补，实现构造地质成因的综合分析。同时需要特别指出的是，在开发阶段，应该在勘探和评价阶段资料信息充分挖掘的基础上，增加必要的新资料的录取，一定要按照"降本增效"的原则进行。（5）将构造地质成因分析与沉积相研究和成岩作用研究等紧密结合，分析油气藏成因的主要控制因素，为油气开发中各种措施的实施提供依据。（6）在构造地质成因分析的基础上，开展断层封闭性研究、储层裂缝表征、储层构型研究、剩余油表征等，为油气田开发提供基础。Rothery 等（2001）基于高剪切带构造背景研究了破碎山矿脉构造成因。结果表明，构造对于破碎山地区矿床形成具有成矿模式上的支撑作用。（7）裂缝表征和建模。主要包括从地质角度分析裂缝形成的成因机制，进行裂缝成因分类，刻画裂缝在空间上的发育规律。通过地质建模的方法，进行井间裂缝发育特征的预测等。王珂等（2017）对塔里木盆地克深 2 气田储层构造裂缝成因与演化进行了研究，克深 2 气田发育近东西走向、近南北走向和北西—南东走向的 3 组构造裂缝，其中近东西走向的构造裂缝主要受控于早期区域伸展作用、后期背斜弯曲拱张作用、异常流体高压作用、构造反转期应力转换作用以及逆冲断层伴生等因素，近南北走向的构造裂缝主要受控于近南北向的构造挤压作用，北西—南东走向的构造裂缝则主要形成于北北西—南南东或近南北方向的水平最大挤压应力。（8）微构造地质成因分析。微构造也叫沉积微构造或油层微构造，是指在油田总的构造背景上，油层顶面构造起伏形态的微小变化所显示的局部构造特征及不易确定的微小断层的总称（张金亮等，2011）。油气田开发中，特别是开发中后期，剩余油"总体高度分散，局部相对富集"（韩大匡，2010），精细表征的难度很大。而微构造对剩余油的分布又起着十分重要的控制作用，因此对于微构造研究，特别是微构造的地质成因分析，也越来越多地受到研究者的高度重视，成为构造地质成因分析十分重要的研究内容之一。

三、构造地质成因研究的方法

由于基础资料不同，研究的目标不同，同时不同研究者的专业差异，构造地质成因的方法也多种多样。笔者结合自身的科研实践，将构造地质成因分析方法主要总结为以下10 种。

1. 基础地质研究方法

基础地质研究方法主要是通过对盆地构造演化历史的梳理和深化认识，了解构造应力场，认识研究区目的层构造基本特征，特别是断裂体系的发育规律。在油气勘探中，该方法应用较多。但在油气开发中，该方法也不能忽视。因为对区域构造特征认识不准确，可能导致后续油气田开发中更精细尺度构造认识错误的后果。杨传胜等（2017）对东海陆架盆地中生界构造样式及其动力学成因进行了研究，将构造样式划分为伸展构造样式、挤压构造样式、走滑构造样式、反转构造样式和底辟构造样式，并进一步细化为 12 种构造组合。基础地质研究方法是认识构造地质成因最基础的方法，可以帮助研究者对构造发育特征在宏观角度准确把握。缺点是该方法基本属于定性分析，定量研究不足。目前许多研究者通过有针对性的岩石力学实验等进行构造应力场分析等，极大地提高了基础地质研究方法的定量化水平。但是目前实验数据选取的代表性、实验结果与地下实际情况的对比等还存在很多问题，需要在以后的工作中不断改进和完善。

2. 野外露头观察描述方法

野外露头观察是构造地质成因直接有效的研究方法，通过野外露头观察和描述，可以确定断层的性质、规模等信息，同时分析断层的期次、走向等。进一步研究褶皱的规模、形态、溶洞和裂缝的大小，分析裂缝的充填物性质、裂缝的产状和形态等。利用野外露头观察和描述方法来开展构造地质成因分析，首先需要保证野外露头的代表性，并确保其与地下构造特征具有可对比性。野外露头的观察需要具备一定的样本数量，避免出现以偏概全的错误。必要时可以对野外露头采样分析，内容主要包括岩性、岩石力学性质、岩石微观结构等方面。葛君等（2015）基于详细的野外地质考察，对青岛西海岸地区牟平—即墨断裂带南端断裂构造特征及动力学成因进行了研究。结果表明，青岛西海岸断裂构造以大量剪节理为主，次为断层和岩脉。笔者曾经通过对重庆武隆、北京延庆和天津蓟州区等地野外露头的观察和描述，来开展构造地质成因分析，取得了较好的效果（图 2-3）。通过野外露头剖面的详细观察和描述，可以对断裂体系、褶皱等构造现象有很直观的认识，包括断层的规模、裂缝的产状、缝洞的充填物等信息。野外露头可以帮助研究者对于构造特征在宏观尺度上准确把握，同时局部微构造露头的观察，又可以提供厘米级的构造信息，因此目前该方法已经成为广泛使用的构造地质成因分析手段。野外露头观察描述方法优点是直观准确，特别是可以帮助研究者深刻认识和理解不同构造现象的成因机制，总结成因模式，为构造精细解释提供支撑。缺点是野外露头与油气田开发生产实践的具体区块或多或少总是存在一定的差异，如何在研究中减少这种差异对研究者带来的影响，将野外露头研究的成果合理充分地应用至生产实践当中去，是研究者需要重点解决的难题。

3. 岩心观察和描述方法

岩心观察和描述也是油气田开发中构造地质成因研究十分直观和常用的方法之一。对于开发阶段而言，积累了丰富的资料，岩心资料一般也较多。而且对于重点的试验区块，还具有一定数量的密闭取心井资料，这些岩心资料不但可以帮助研究者正确认识构造地质成因，而且在一定程度上还可以体现油气开发过程对于储层在构造方面的影响，比如动态裂缝的产生等。笔者在进行松辽盆地徐东地区营城组一段火山岩储层和准噶尔盆地西北缘某区克下组砂砾岩储层裂缝研究时，就用到了岩心观察与描述的方法，取得了较好的效果（图 2-4）。通过对井下岩心详细观察与描述，可以很直观地认识裂缝的规模、形态、密度等信息。如果岩心资料足够充分，还可以统计裂缝的密度等定量信息，实现裂缝的半定量描述。岩心观察和描述方法在构造地质成因分析方面主要优点是直观、准确和资料易于获取。缺点是尺度比较小，对于裂缝研究比较适合，而难以用于较大尺度断层的分析和刻画；同时需要结合大的区域构造背景分析，才能作出正确的判断。

图 2-3　野外露头构造地质成因分析

（a）重庆彭水县断裂体系野外露头特征，乌江段；（b）重庆武隆县断裂体系野外露头特征；（c）北京延庆褶皱野外露头特征；（d）天津蓟州区长城系断裂体系野外露头特征；（e）天津蓟州区断裂体系野外露头特征；（f）天津蓟州区断裂体系野外露头特征，铁岭组石灰岩中的缝洞

4. 镜下薄片观察方法

镜下薄片观察是另一种直观的构造地质成因分析研究方法，通过显微镜下单偏光或正交偏光薄片观察，可以对微裂缝的期次、成因、发育的规模、形态等信息有明确的认识。镜下薄片研究裂缝发育特征与岩心观察比较类似，只是尺度更小。笔者曾经利用镜下

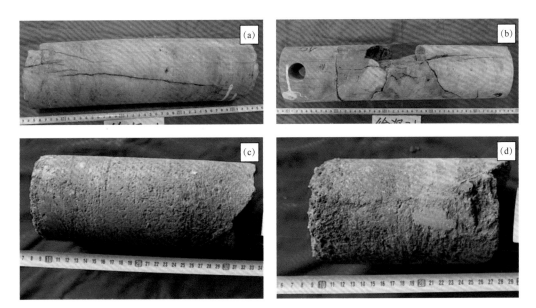

图 2-4　岩心观察微裂缝特征

（a）松辽盆地徐东地区营城组一段火山岩储层裂缝特征，X21 井，3656.24～3656.58m；（b）松辽盆地徐东地区营城组一段火山岩储层裂缝特征，X21 井，3658.72～3659.15m；（c）准噶尔盆地西北缘某区克下组砂砾岩储层裂缝特征，J1 井，389.2～389.5m；（d）准噶尔盆地西北缘某区克下组砂砾岩储层裂缝特征，J1 井，393.48～393.70m

薄片观察的方法对松辽盆地徐东地区营城组一段火山岩储层和辽河盆地西部凹陷蒸汽驱试验区于楼油层碎屑岩储层的裂缝进行研究，取得了很好的效果（图 2-5）。薄片观察可以获得裂缝的成因、延伸长度、充填与否、密度等一系列重要信息。图 2-5a 为溶蚀裂缝，图 2-5b 为炸裂缝和构造缝，图 2-5c 和图 2-5d 都是构造缝。镜下薄片观察的方法优点是直观、成本低，缺点与岩心观察与描述方法一致，也是尺度小，只能对裂缝进行研究，无法对断层开展工作。

5. 物理模拟方法

物理模拟方法是目前构造地质成因研究中应用最广泛的实验方法，主要研究内容包括构造演化历史的模拟、地应力场特征的模拟分析、断裂体系发育规律的模拟等。该方法的关键是要充分保证实验条件尽量接近地下的地质实际，模拟的条件也要尽量保证与地质历史时期地层不同演化阶段的条件类似。李阳（2001）主要利用构造应力场分析和构造物理模拟实验来开展构造地质成因分析。薛雁等（2017）对哈拉阿拉特山地区构造特征及其成因机制进行了模拟。工作中主要采用物理模拟手段对哈拉阿拉特山地区不同区段典型剖面的构造变形过程进行了实验研究。目前国内在中国石油大学（北京）和东北石油大学等单位都具备从事断裂体系物理模拟实验的条件，可以开展相关的研究工作。物理模拟实验可以很直观地再现构造发育的阶段和过程，使研究者从动态角度对构造地质成因机制有很直观的认识和理解。缺点是高温高压的过程实验中较难实现，而且具有一定的危险性，实验操作难度很大，而且实验过程与实际地质历史差异往往很大，如何尽量大地减少这种差异，难度很大。

图 2-5　显微镜下薄片微裂缝特征

（a）XS301，松辽盆地徐东地区营城组一段火山岩储层流纹质熔结凝灰岩，含 CO_2 酸性水弱溶蚀，907.21m，×50；

（b）XS12，松辽盆地徐东地区营城组一段火山岩储层炸裂缝、构造缝，切割晶屑，3666.18m，×50；

（c）J2 井，辽河盆地西部凹陷扇三角洲前缘沉积储层粒间孔隙，959.82m，×50；

（d）J2 井，辽河盆地西部凹陷扇三角洲前缘沉积储层粒间孔隙，974.56m，×25

6. 测井解释方法

测井解释方法也是构造地质成因分析常用的方法之一。张继标等（2014）在基于成像测井、岩心及薄片资料对玉北地区构造裂缝进行识别并总结其发育规律的基础上，根据裂缝切割关系、充填方解石阴极发光及包裹体特征划分裂缝发育期次，并应用有限元法数值模拟不同裂缝发育期古构造应力场特征，结合裂缝发育力学机制，分析不同时期断层—褶皱控制下的裂缝成因模式。陈欢庆等（2011）除利用常规测井解释分析裂缝与储层岩相等关系外，主要利用成像测井结合岩心对比分析，对裂缝发育特征进行了详细分析。在成像测井图像上，垂直裂缝、高角度和低角度以及水平裂缝都有明显的反映，其中以第三期裂缝最为突出。同时，众多的微裂缝在 FMI 成像测井图像上有很直观的反映，这些微缝宽度一般为 1～40μm。同时还可以用测井资料计算裂缝发育指数和解释储层裂缝宽度。测井方法的优点是资料丰富、容易获取，不同的测井方法可以获取裂缝发育定性和定量两类数据。缺点是井间预测的准确度不高，同时进行测井裂缝解释时受研究者的实践经验影响较大，同时测井资料的准确性还受到仪器本身精度等一系列因素的影响，必要时需要做校正。

7. 地震解释方法

地震解释的方法是目前构造成因分析中最常见的方法。一般都是通过井震资料的紧密结合，在剖面断裂体系和层位的追踪对比基础上，进行平面断裂体系的组合，刻画构造发育特征。在此基础上，结合研究区目的层的地质背景，分析构造地质成因（图 2-1、图 2-2）。李伟等（2015）以三维地震资料为基础，对辽东湾坳陷东部新生代构造发育与成因机制进行了研究。将辽东湾坳陷东部地区的构造演化阶段划分为古新世—始新世的弱走滑强拉张时期、渐新世的弱拉张强走滑时期以及新近纪的弱挤压弱走滑时期。徐睿等（2016）利用地震资料对北加蓬次盆白垩系盐构造发育特征及成因进行分析。地震解释方法在油气田开发构造地质成因分析中应用也十分广泛，其优点是井间预测比较准确，特别是目前基于高精度三维地震资料的精细解释，可以取得较准确的构造研究成果。缺点是地震资料的成本较高，而且受自然条件等因素限制，并不是所有的研究区块都具备满足生产实践需要的高精度地震资料。例如鄂尔多斯盆地长庆油田，在进行构造研究时就主要是依靠井资料来开展工作，地震资料解释的方法很少使用。且该方法需要与井资料结合来进行标定，同时在进行构造解释，特别是断裂体系在平面组合时，需要考虑构造演化历史和地应力方向等因素，才能得到正确的成果。该工作受研究者的经验和研究区工作成熟程度影响较大。

8. 分析测试统计方法

与储层构造地质成因分析相关的分析测试统计方法有很多，主要包括扫描电镜、X 衍射等，同时还包括水成分分析、流体包裹体测年、同位素测年等。比如，研究者可以通过扫描电镜成果的观察，认识微裂缝等储层构造特征。通过对比断层上下两盘的井上水分析资料成分的差异，确定断层的封闭性，从而分析断层的地质成因。笔者曾经利用扫描电镜资料对准噶尔盆地西北缘克下组砂砾岩储层的微裂缝特征进行研究（图 2-6），可以得到很直观的认识，包括微裂缝的规模、形态和发育的位置等，上述成果可以为开发中相应的提高采收率措施提供帮助。

9. 地质建模方法

利用地质建模的方法进行构造地质成因分析在国外研究得比较多，也比较成熟，在国内研究的相对较少，需要加强这方面的攻关。Gavin R. T. Wall 等（2004）利用预测模型和侏罗纪海平面变化曲线研究了英国西南部韦塞克斯盆地北部边缘门底山中生代沉积充填裂缝的时代、成因和构造意义。结果表明，裂缝发育在下三叠统至侏罗系中，具体位于石炭系石灰岩和巴柔阶下部鲕粒灰岩上部不整合面之间。对相关中生代沉积详细的剖面关系、沉积相分析、生物地层学、岩石地层学和锶同位素测年分析，可以重建上三叠统至下侏罗统东门底山地区裂缝充填地层。Jack E. Deibert（2006）等利用下切谷预测模型，研究了美国内华达州克诺尔盆地和山脉边缘外延的湖泊体系发育的下切谷沉积和构造成因，该项研

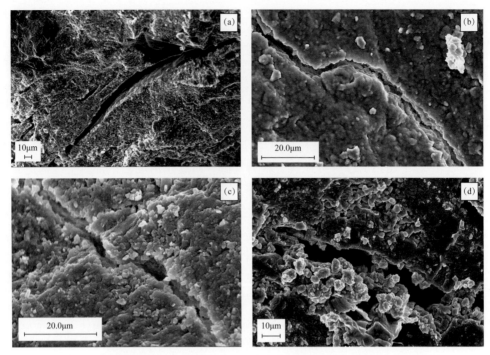

图 2-6　准噶尔盆地西北缘某区克下组冲积扇沉积储层微裂缝扫描电镜特征

（a）J3 井，微裂缝，褐灰色含油砂质细砾岩，396.09m；（b）T10 井，微裂缝，褐灰色砂砾岩，1069.64m；（c）T10 井，微裂缝，灰色砂砾岩，1101.15m；（d）J3 井，粒间缝与油浸现象，灰色含粒粗砂岩，400.80m

究可以从沉积和构造等方面帮助研究者更好地理解下切谷的成因背景。笔者在进行辽河西部凹陷某蒸汽驱试验区于楼油层构造地质成因分析时，就通过构造地质建模的方法，实现了井间构造发育特征的预测（图 2-7）。在油气田开发中，由于井资料比较丰富（井距一般可以达到 300m 左右），而且通常都具有高精度的三维地震资料，所以井震结合构造精细解释的成果更加可靠，建立在这些地质认识成果上的地质模型更加准确可信。构造地质建模需要建立在充分的地质研究基础之上，否则就只能是单纯的数字游戏，对生产实践起不到任何支撑作用。目前裂缝地质建模研究还存在很多未解的难题，需要通过算法的改进和技术手段的提高等攻关解决。

10. 动态监测和生产动态分析方法

动态监测和生产动态数据可以为油气田开发中构造地质成因分析提供有效的帮助。油气田开发中，动态监测和生产动态数据十分丰富。例如对于示踪剂监测而言，可以利用注剂井和检测井之间示踪剂资料的变化，分析两口井之间断层的封闭性。再比如可以利用注水井和生产井的生产动态数据，分析注采井之间的对应关系，研究影响注采对应关系的各种地质因素，比如裂缝的发育状况、发育规模、密度等，是否存在断层，断层的封闭性如何等。需要特别注意的是，生产动态数据受多种因素影响和控制，而并非构造因素一种，因此在实践中还应该结合其他方法进行综合分析和判断。动态监测和生产动态方法的优点是资料丰富，与生产实践紧密结合，研究成果可以很快应用至生产实践当中去；缺点是存在多解性，需要与基础地质等其他方法紧密配合、综合分析，才能得到正确的结论。

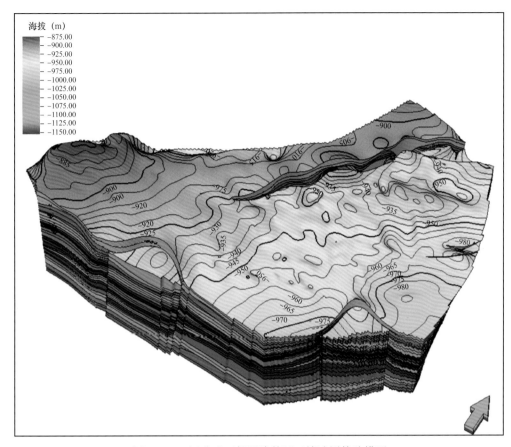

图2-7　辽河盆地西部凹陷某区于楼油层构造模型

构造地质成因分析涉及的研究内容众多，是一项系统工程。由于受多种因素影响和控制，在进行构造地质成因分析时应该根据资料基础和研究目标，合理选择研究方法。尽量采取多种方法综合研究的思路，优势互补，以取得理想的研究效果。

四、构造地质成因分析存在的问题和发展趋势

经历了数十年的发展，构造地质成因取得了巨大的进展，同时还存在一系列问题，需要在以后的工作中加强攻关，本书对目前构造地质成因分析中存在的问题和以后的发展趋势进行了梳理和总结。

1. 存在的问题

构造地质成因分析是油气田开发最基础的工作之一，虽然目前许多研究者都在从事相关的工作，但笔者结合自身科研实践认为，目前该项研究中还存在以下几方面的问题。

（1）研究中与沉积学分析和成岩作用研究等结合不够，导致研究的综合程度不够，成果容易失于偏颇。Francesco Dela Pierre 等（2007）以意大利西北部古近系和新近系山麓盆地托里诺山墨西拿地区为例，对混杂沉积的构造、沉积和俯冲过程进行了研究。

（2）总体上以地质和地球物理分析等定性研究为主，定量化研究不足。Francesc Sàbat 等（2011）基于西班牙东部马略卡岛地质构造和演化特征研究分析西地中海的地质成因。

结果表明，马略卡岛上的断层以逆冲断层为主，研究中主要利用地震剖面解释来刻画断层发育特征。

（3）研究方法的选择过于单一。工作中在方法选择上一般都是一种方法，受各种方法自身特点的约束，存在一定的局限性。Theo van Leeuwen 等（2007）利用岩石学、同位素分析，对印度尼西亚苏拉威西岛西北部马利诺变质岩复合体的成因和构造演化历史进行了研究。Giulio Morteani 等（2010）对乌拉圭阿蒂加斯紫晶的晶洞玉石和瓜拉尼蓄水层古水文学特征从结构、地球化学、氧气、碳和锶同位素和流体包裹体等方面进行研究。

（4）地质建模方法，特别是裂缝地质建模还存在很多问题，空间预测准确性难以保证。Warren 等（2007）研究了构造和地层对阿曼俯冲大陆边缘的成因和构造演化历史的控制作用。该研究中主要利用构造、地质年代学和岩石变质观察等建立改进的构造模型。

（5）目前已有的构造地质成因方法还存在各种问题，需要在实践中不断根据相关学科的发展和进步修改完善，同时探索新技术方法，应用至构造地质成因分析中。

（6）构造地质成因分析中，宏观尺度研究较多，而微观尺度的研究尚未引起足够的重视。这主要体现在利用岩心、镜下薄片、扫描电镜以及其他一些分析测试资料进行裂缝研究方面。

（7）研究对象以碎屑岩为主，对于碳酸盐岩、火山岩和变质岩等涉及较少。不同岩性成因的油藏，构造地质成因差异很大，需要分别开展相关的方法和技术攻关。

（8）构造地质成因分析应用的领域很局限，需要拓宽，更好地体现该项研究的意义和价值。目前构造地质成因分析主要应用于断层的精细解释和裂缝的研究中，而在断层封闭性评价、构造储层构型表征、基于微构造表征基础上的剩余油描述等研究中的重要性并没有完全体现。

2. 发展趋势

根据文献调研和梳理分析，结合自身的科研实践，笔者将未来油气田开发中构造地质成因分析的发展趋势总结为以下几方面。

（1）将构造地质成因分析与沉积学研究和成岩作用等研究不断结合，对构造成因进行综合研究。Arthur P. C. Lavenu 等（2013）对法国东南部 Nerthe 背斜天然裂缝碳酸盐岩储层构造与成岩作用成因进行研究。

（2）在加强定性研究的同时，不断探索提高构造地质成因分析的定量化研究水平。比如开展岩石学地应力相关的实验分析、加强测井资料对各种裂缝发育指数的定量计算等。

（3）实践中探索综合不同的研究方法，开展构造地质成因综合分析，优势互补，实现研究方法使用的最优化。吴林等（2015）以苏北盆地高邮凹陷为研究对象，综合利用钻井、地震、地质、重磁等多元化资料，对基底断裂进行精细构造解释，明确其几何学、运动学特征及成因演化模式。

（4）攻关地质建模的算法设计，提高地质建模方法在构造地质成因分析中应用力度。Iain Neill 等（2010）利用晚侏罗到白垩纪太平洋加勒比海岸边缘原型模型构造重建的方法研究了小安的列斯群岛 LaDésirade 火山岩复合体的成因。

（5）在方法技术方面不断改进和攻关，完善基础地质方法、地球物理方法、分析测试方法、地质建模方法和动态监测及生产动态等各种方法，探索各种新技术和新方法在构造地质成因分析中的应用。Grégory Dufréchou 等（2013）根据区域重力解释建立了加拿大魁北克西南部格伦维尔省构造模型来分析区域构造成因。

（6）从微观尺度，不断重视和加强微构造和裂缝地质成因分析，提高构造地质成因分析研究的精度。

（7）开展碳酸盐岩、火山岩和变质岩等其他岩性油藏构造地质成因分析，扩展该项研究的领域。Mualla Cengiz C 等（2010）对安纳托利亚中部 Galatean 火山丘新近纪构造旋转成因进行了研究。结果表明，两期的构造旋转均由新近纪火山活动引起，而且裂缝网络的成因、类型、几何形态和其他属性由储层地球动力学史控制。Alexander Klimchouk 等（2016）以巴西前寒武系碳酸盐岩为例，对大溶洞体系地质成因、地质控制因素和成因机制进行了研究。结果表明，洞穴的发育模式受地下背斜构造和北北东—南南西向海槽共同控制。断裂体系的位置对洞穴体系的分布具有十分重要的影响作用。

（8）不断拓展构造地质成因分析应用的领域，比如断层封闭性研究、储层构型表征、微构造描述和剩余油表征等研究中，提高构造地质成因分析对生产实践的指导意义，充分发挥该项研究的实践作用。

第二节　油气田开发中断裂特征及其成因分析

一、概述

断裂构造是地壳中广泛发育的基本构造类型，与矿产、能源的富集等有着密切的关系，因而历来受到人们的关注（庄培仁等，1996）。断裂研究的内容十分庞杂，许多研究者在这方面做了大量工作（刘海龄等，1998；孙文鹏等，2000；Stenger 等，2002；吕延防等，2002；沈传波等，2003；罗群等，2007；Alvar Braathen 等，2009；Mohammed S. Ameen 等，2010；陈欢庆等，2010；张义杰，2010；吕延防等，2013；张博为等，2017；丰成君等，2017）。刘海龄等（1998）从断裂产生的力学机制与制约条件、主要类型断裂发育规律和断裂研究方法等方面总结了断裂研究的最新进展。孙文鹏等（2000）对断裂构造的有序性进行了分析。研究中将断裂构造划分为地幔断裂、地壳断裂和地层断裂三种类型。Stenger 等（2002）对沙特阿拉伯加瓦尔油田上侏罗统阿拉伯 D 储层在注入压力控制下裂缝重新开启特征进行了研究，结果表明裂缝重新开启可能主要受新构造运动时期孔隙压力恢复的影响，该区和邻区的地震记录研究也为该结论提供了一定的证据。吕延防等（2002）出版了《断层封闭性研究》，这是国内第一部系统阐述断层封闭性研究的专著。沈传波等（2003）对流体包裹体在油田断裂研究中的应用进行了分析，内容涉及断裂作用与烃类运移研究、油气保存条件研究和断裂构造分析三个方面。罗群等（2007）对断裂控藏机理与模式进行了系统阐述，研究中提供了从东部渤海湾盆地到西部塔里木盆地等详细的实例。Alvar Braathen 等（2009）在对埃及西奈地区砂岩储层三维地质建模时，提出了断层相的新概念。断层相包含断层相关的生产数据、规模、几何形状、内部结构、岩石物理属性、空间分布、断层要素等内容。Mohammed S. Ameen 等（2010）基于 19 个圈闭的静态和动态资料，对沙特阿拉伯陆上二叠系—三叠系库夫储层断裂的特征和研究区的地应力进行了研究。结果表明，地应力主要受扎格罗斯板块构造运动的影响，裂缝发育对油田产量提升具有很大的影响作用。陈欢庆等（2010）将琼东南盆地古近系陵水组输导体系划分为储集体、不整合面和断裂等 3 种类型。张义杰（2010）对准噶尔盆地断裂控油特征与油气成藏规律进行了系统分析，研究中使用的方法主要包括地球化学方法、物理实验模拟和数值模拟等。吕延防等（2013）出版了《断层对油气的输导与封堵作用》，对断裂构造在油气运移和成藏过程中的作用进行了详细分析。张博为等（2017）以三肇凹陷青一段和南堡凹陷 5 号构造东二段为例，对沿不同时期断裂运移的油气被泥岩盖层封闭所需条件的差异性进行了研究。丰成君等（2017）利用应力实测数据和震源机制解、钻孔崩落、应力解除及断层滑动矢量反演数据等其他应力数据，对郯庐断裂带附近地壳浅层现今构造应力场进行了分析。

油气田开发中断裂研究与油气勘探中相比，精细程度更高。而要实现这种更高的精细程度，除了地质和地球物理方法技术的改进，地质成因分析是一条十分有效的途径。前人对于断裂分析的研究内容主要包括断裂体系形成的成因机制分析、断裂体系的组合和分级、断层封闭性研究、不同成因类型裂缝的定量表征等。研究方法包括地球化学方法、物理和数学模拟、野外地质露头和取心井岩心观察描述、显微镜下薄片观察、地震和测井资料的综合解释、生产动态监测资料分析等。由于本书探讨的是断裂研究与油气田开发的关系，因此研究的断裂级别仅限于地壳断裂和地层断裂，主要包括断层和裂缝两个方面（吴元燕等，2005；杨坤光等，2009）。断裂体系在中国各含油气盆地广泛发育，从东部的渤海湾盆地、中部的鄂尔多斯盆地到西部的四川盆地、准噶尔盆地等均可以看到。以中国石油为例，就油气田开发而言，受资料状况和研究水平的制约，目前断裂体系的精细解释还存在很大的问题，断层封闭性研究等还有许多未解的难题。同时，断裂体系研究的重视程度也远不如储层表征等工作。鉴于此，本书在油气田开发中断裂体系研究的基础上，结合笔者在火山岩气藏开发方案设计、砂砾岩储层构型分析中断裂研究和稠油热采油藏断裂研究等多方面研究实践，详细介绍了油气田开发中断裂特征研究及其地质成因分析，分析了目前该项研究存在的问题和研究热点。

二、油气田开发中断裂体系研究的基础

1. 断裂体系研究的资料基础

油气田开发中断裂体系的研究是一项系统工程，涉及断层的井震结合精细解释、裂缝的表征等众多内容。要完成这些工作，需要对盆地构造演化历史、地应力场特征、沉积相特征、成岩作用演化阶段等众多断裂体系地质成因相关内容有正确的认识。因此在开展该项工作时也就要用到许多种资料，这些资料主要包括基础地质资料、野外露头资料（图 2-8）、钻井资料、地震资料、各种分析测试资料、动态监测资料和生产动态资料等。图 2-8 展示的是不同盆地断裂体系在野外露头的表现特征，涉及碎屑岩、碳酸盐岩和火山岩等不同岩石类型油藏。通常是根据研究目标，将多种资料结合，相互验证，来完成断

裂体系研究的任务。当然，在实践中也并不是资料越多越好，要合适地取舍，以避免工作量过大，同时还可能避免一些错误。在资料的应用上，野外露头资料是研究断裂体系发育特征最直观的资料，可以通过野外露头的观察和描述，深刻认识断裂体系发育模式，为油气田开发方案的设计和各种增产措施的实施提供参考。井资料和地震资料在目前断裂体系的研究中应用最多，它们可以为研究者提供包括断裂体系的规模、位置、性质等一系列定量信息。分析测试资料也可以应用于断裂研究中，例如用油田水分析资料研究断层封闭性等。目前，动态监测和生产动态资料在油气田开发断裂体系研究中也逐渐得到研究者的重视，一方面它们可以从动态角度提供断裂体系发育特征的佐证，来弥补传统方法中只是利用静态资料研究的不足；另一方面，动静结合的断裂体系研究成果更容易在生产实践中获得应用，实用性更强。

图 2-8　野外露头断裂体系特征

（a）鄂尔多斯盆地三叠系延长组（延河剖面），高角度裂缝；（b）天津蓟州区断裂体系野外露头特征，铁岭组石灰岩中的缝洞；（c）重庆武隆县天坑断裂体系特征；（d）北京延庆中生界紫灰色角砾熔结凝灰岩中断裂特征

2. 断裂体系研究的方法

根据研究目标的不同，油气田开发中断裂体系研究需要用到多种资料，解决不同的生产实践问题，这样必然会用到不同的研究方法。目前在断裂体系研究中研究方法主要包括基础地质研究、野外露头观察描述、岩心观察和描述、镜下薄片观察、物理模拟、各种测井解释、地震解释、各种分析测试统计、地质建模、动态监测和生产动态分析方法等，上述方法各有特点，能解决的问题也有很大差异。以野外露头观察描述为例，在应用时需要

特别重视油气田开发区块地质特征与野外露头地质特征之间的相似性对比问题。目前比较简单易行的做法是研究盆地内某一油气田开发区时，可以考虑在盆地边缘找到相同的地层层位野外露头，在确保地应力等特征基本一致的情况下对野外露头和井下地质特征进行对比分析，在充分考虑到差异性的情况下，将野外露头上观察描述的构造地质特征方面的成果应用至油气田开发区，指导研究目的层的构造发育特征。测井解释方法和地震解释方法是目前断裂体系研究中最常用的方法。通过测井解释可以获取裂缝孔隙度、裂缝渗透率、裂缝发育指数和裂缝宽度等定量数据，实现裂缝表征的目标。在断层地震解释中，通过取心井标定和开发井解释断点约束，可以实现断层的精细解释，目前可以达到三级断层的精细解释。局部层位较浅、地震数据品质较高的地区，解释精度可以达到四级断层等低级序断层，为剩余油表征和提高石油采收率服务。动态监测和生产动态方法一般需要与上述静态研究方法紧密结合，以实现断裂体系研究的目标。断裂体系研究方法总的发展趋势是综合化、定量化和批量化。

三、火山岩气藏开发方案设计中的断裂研究

1. 井震资料结合断层精细解释

断裂研究对火山岩气藏开发方案的设计举足轻重。以松辽盆地徐东地区营城组一段火山岩气藏为例，火山喷发模式为裂隙—中心式喷发为主，中心式喷发为辅（陈欢庆等，2012），火山口和古地形控制着不同火山岩相类型的发育位置，而火山岩相又与储层物性密切相关，因此火山口的位置也与储层物性关系密切。而火山口大多沿着沟通基底的大断裂分布。甚至可以说，找到了断裂发育的位置，就找到了火山岩优质储层发育的位置。所以对大断裂的准确刻画可以为火山岩优质储层的认识和开发方案的优化设计提供坚实的地质基础。同时，由于在大断裂附近常常发育伴生裂缝，这些裂缝沟通了流纹岩中的气孔等有效的储集空间，使得储层的物性变好，成为优质储层。因此，断裂体系的精细解释和发育规律的准确刻画，也就成了火山岩油气藏高效开发的重点研究内容。上述认识已经为目前的气田开发现状所证实，因为一般在靠近火山口的构造高部位布井，往往会钻穿优质储层，获取较高的天然气产能。笔者在进行松辽盆地徐东地区营城组一段火山岩储层断裂研究时，主要通过井震结合，完成断层的解释工作（图2-9），在进行断层解释时，一是要充分了解盆地构造发育历史，搞清楚不同期次构造活动持续的时间和规模特征，同时分析地应力的方向；二是要充分结合井震资料，在利用井资料准确标定地震资料的同时，还要尽量保证井震资料的统一。目前在井震结合断层解释时，实践中一般要求井断点组合率要大于80%。基于开发密井网资料和三维地震资料，可以实现断裂体系的精细解释和刻画，根据这些解释成果，可以建立研究区目的层构造模型，表征断裂体系在空间上的发育特征。特别值得一提的是，李阳（2007）将断层规模从大至小划分为一至五级。一般情况下，对于三级及以上断层，主要依靠地震资料，同时结合井资料，在断裂体系成因分析的基础上，可以获取比较准确的结果；但是对于四级和五级这种低序级断层，常规的井震结合的方法，很难获取较准确的断层解释成果，还需要利用示踪剂监测和生产动态资料验证等方法，以解决地震资料多解性的问题。

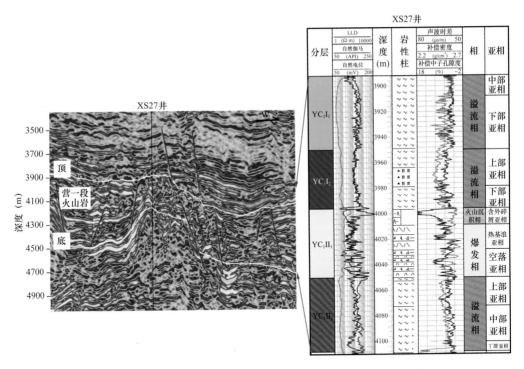

图 2-9 松辽盆地徐东地区营城组一段井震结合断裂剖面发育特征

2. 裂缝精细表征

上已述及，裂缝在松辽盆地徐东地区营城组一段火山岩储层中主要在大断裂附近，沟通了不同类型储集空间，使储层物性变好。因此裂缝的精细表征也成为火山岩气藏开发方案设计中一项十分重要的研究内容。在裂缝精细表征研究中，主要综合地质、岩心、镜下薄片（图 2-10）、测井和地震等多种资料，在裂缝地质成因分类的基础上，来实现火山岩储层裂缝多信息表征。图 2-10 展示的是裂缝在镜下薄片上的特征，从图中可以看出，有些裂缝在储层中延伸长度较长，对孔隙等储集空间起到了很好的沟通作用（图 2-10a—c），而有些裂缝被沥青（图 2-10d）或者硅质等充填，使得储层物性变差。镜下薄片观察对裂缝表征具有直观和半定量化的特点，缺点是资料数量有限，观察的范围也很小。研究中基于 Petrel 软件开展裂缝蚂蚁追踪研究，充分体现地震信息，实现精细的断裂平面发育特征刻画，该方法比传统的相干分析所获得的结果更为精细。依据蚂蚁追踪结果，宏观上沿着徐东地区徐中断裂和徐东断裂，裂缝最为发育，大致呈近南北向展布。研究区北部和中部，断裂的规模较大，数量较少，分布较集中；南部断裂规模较小，但数量更多，分布较分散（陈欢庆等，2016）。微观上，在发育南北向靠近断裂带裂缝的同时，还发育众多东西向或近东西向的裂缝。上述这些分布在不同位置的裂缝在空间上共同组成了徐东地区三维裂缝网络，对研究区目的层储层性质起着重要的影响作用（陈欢庆等，2016）。上述裂缝的存在，极大地改善了研究区目的层低渗透火山岩储层的物性，成为影响储层性质的重要因素之一。在开发方案的设计过程中，断裂发育的构造高部位应该为开发方案井位设计的重点考虑区域。值得一提的是，利用蚂蚁追踪技术刻画裂缝，会产生多解性，还需要结合相干体分析、密井网裂缝测井资料精细解释等多种方法相互印证，才能得到比较准确的结果。

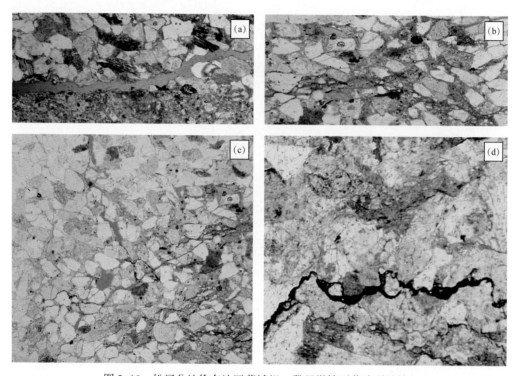

图 2-10　松辽盆地徐东地区营城组一段显微镜下薄片裂缝特征

（a）裂缝，XS23 井，3722.03m，×10；（b）裂缝，XS21 井，3527.88m，×10；（c）裂缝，XS21 井，3532.84m，×10；（d）XS24，凝灰质砂岩中的缝合线，3688.05m，×40

四、砂砾岩储层构型分析中的断裂研究

储层构型是指不同级次储层构成单元的形态、规模、方向及其叠置关系（吴胜和，2010）。随着砂砾岩储层进入高含水期，提高石油采收率的开发工作要求对储层性质有更精细的认识，而传统的沉积微相分析已经很难满足生产实践的需求，储层构型研究逐渐引起研究者的重视。一般情况下，研究者所进行的构型研究都是沉积构型表征。就是在沉积微相研究的基础上对储层沉积单元进行进一步细分，研究精度达到单砂体级别，分析不同成因单砂体在空间上的发育规律。实际上，构型研究不仅限于沉积构型，还包括其他构型类型。笔者在进行准噶尔盆地西北缘某区下克拉玛依组砂砾岩储层构型研究时，将目的层构型类型划分为沉积构型、成岩构型和构造构型三种类型，其中构造构型主要是封闭性断层形成的，一般多为早期形成的断层为硅质或沥青充填，形成遮挡（图 2-11）。断层发育呈现多期特点，一般早期的断裂构造断裂构型，被硅质等充填物充填，多形成优势渗流屏障，对油气水的运动产生遮挡影响，而后期形成的断裂一般开启，容易形成渗流通道，导致开发过程中水窜。因此，断裂研究在砂砾岩储层开发中后期（高含水期）提高石油采收率研究中具有十分重要的作用。图 2-11a 中高角度裂缝即为硅质充填，可以形成断裂构型，对流体的运动起到遮挡作用。图 2-11b 中发育 3 条高角度裂缝，其中左边 2 条为后

期形成的裂缝，未充填，无法形成断裂遮挡，而最右侧 1 条裂缝为硅质充填，可以形成断裂遮挡，阻碍流体运移通道。虽然断裂构型在岩心上可以清楚地观察，但受岩心尺寸的限制，无法对其空间规模作出判断。对于断裂构型成因类型、空间规模和对油气开发的影响，可以利用井震结合断裂体系解释的成果，结合生产动态资料进行深入分析。

图 2-11　准噶尔盆地西北缘某区下克拉玛依组砂砾岩储层断裂构型岩心照片特征
（a）J1 井，高角度裂缝，浅棕褐色含中砾砂砾岩—浅灰绿色泥岩，393.27～393.48m；
（b）J1 井，高角度裂缝，浅灰绿色含砾中细砂岩，406.51～407.5m

本书选择一个井组来说明构型对储层性质的影响，以构型对储层连通性的控制作用为例来说明。选取 T6060、T6070、T6080、T6059 和 T6082 共 5 口井（图 2-12）。其中 T6070 为采油井，而其余 4 口为注水井。从生产动态资料来看，4 口注水井注水，采油井见效很差，说明注水井和采油井之间储层连通性很差。而从地质方面分析发现，上述 5 口井在产层 S732 和 S733 均主要为片流砾石体，大面积连片分布，这就很难解释储层为什么连通性很差的问题。通过单井以及井间构型精细分析发现，T6060、T6081 和 T6059 井与 T6070 井之间的片流砾石体间都发育 4 级沉积构型界面，而 T6082 井和 T6070 井之间为另一种构型界面断裂所遮挡。这说明该井区储层连通性主要受构型特征控制，这也更加证明断裂研究对于油藏有效开发的重要意义（陈欢庆等，2015）。

五、稠油热采油藏断裂体系研究

本书主要从断层精细解释与建模和断层封闭性研究两方面介绍稠油热采油藏断裂体系研究的内容。

1. 断层精细解释和建模

断裂体系的精细解释和地质建模是稠油热采油藏开发中一项十分重要的研究内容。可以通过断层的精细解释，建立研究区目的层构造模型，为后续的油藏数值模拟和开发方

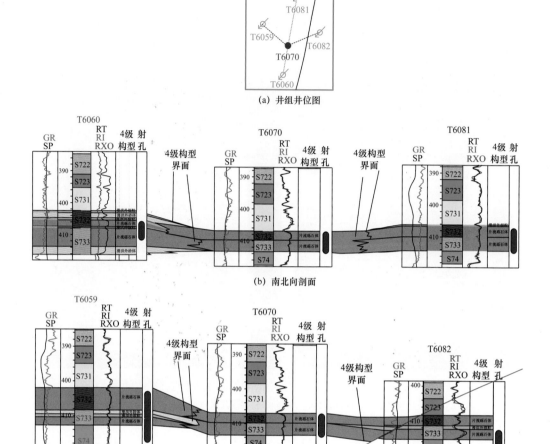

图 2-12　储层构型特征对储层性质与油田开发的影响（据陈欢庆等，2015）

的设计提供依据。笔者在进行辽河盆地西部凹陷某区于楼油层开发地质研究时，首先紧密结合井震资料，通过取心井标定三维地震资料，实现地震资料的时深转换。在此基础上结合盆地构造演化历史和地应力场特征，通过断层的剖面解释和平面组合，实现不同级次断层在空间上的发育规律刻画。将断层解释成果输入 Petrel 软件，建立了研究区目的层构造模型（图 2-13），实现了研究区目的层断裂体系的空间三维表征，为后续的沉积微相建模和相控下的储层属性建模奠定了基础。从图 2-13 中可以很直观地看出，研究区目的层不同规模断层在空间上的展布特征。总体上目的层断层以东西向和北东—南西向为主，局部断层的延伸方向略有变化。地质模型最大的特点和优势是实现了断裂体系的三维定量表征和井间预测。需要指出的是，断层模型建立的基础是井资料和地震资料上对断层的精细解释。同时井上断点与地震资料断层解释成果的匹配程度也是检验断层解释成果正确与否的关键证据之一。目前在精细油藏描述中，规定在构造地震建模时，井断点的组合率需要大于 80%（Chen Huanqing，2019）。

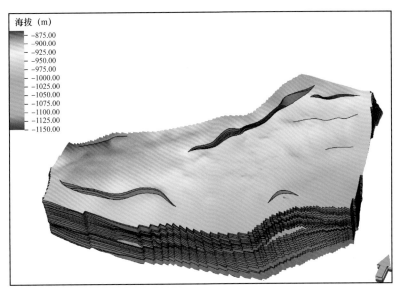

图 2-13　辽河盆地西部凹陷某区于楼油层构造地质模型特征

2. 断层封闭性研究

断层的封闭性对油气田开发工作的影响越来越为广大研究者重视，特别是对于中国东部大多数断陷湖盆沉积储层而言，断层的封闭性直接影响着储层的空间连通性和油水井之间的注采对应关系。王乃举等（1999）指出，中国境内从东部大量的张性正断层，到西部压性逆断层，不论油田内落差大至数百米的大断层，或小至 10m 以下的小断层，陆相油藏注水开发的大量实践证明，这些断层几乎全部是起遮挡作用的，然而事实并不完全是这样。

陈欢庆等（2015）以辽河盆地西部凹陷西斜坡某试验区于楼油层为例，通过水分析资料的详细对比来说明断层封闭性主要体现在侧向和垂向两方面。研究断层封闭性的方法主要包括断层两盘岩性配置关系、断层产状与岩层产状配置关系、断层方向与断层封闭性质的相关性、断层活动期与油气运移期的配置、断层的力学性质、断面及其两侧岩层的排驱压力、单井断点的测井曲线特征、钻井过程中的显示、断层两盘流体性质及分布、开发动态分析等（张金亮等，2011）。每一种方法的资料基础、工作原理、侧重点等均不同，各有优缺点。在实践中应该充分考虑到研究资料的掌握程度和研究目标，科学选择与取舍。在这些方法中，利用断层两盘的流体性质来分析断层的封闭性是油气田开发中断层封闭性十分重要的研究方法之一。

本书中断层封闭性研究，主要利用断层两盘水分析资料的对比来开展工作。研究区主要断层有 4 条（图 2-14），分别是 F1、F2、F3 和 F4。选取 5 组共 10 口井的水分析资料作对比，从断裂发育的级别上分析（表 2-2），断层 F1 和断层 F2 属于三级大的控凹断层，而断层 F3 和断层 F4 的属于四级断层，通过对比断层上、下两盘地层水分析资料来评价断层封闭性（陈欢庆等，2015）。断层两盘地层水分析结果差异较大，表明断层封闭性较好；断层两盘地层水分析结果类似，表明断层封闭性差。对于断层 F1，选取 A1 井和 A2 井水分析结果作对比，发现分别位于断层两盘的这两口井的水分析结果差异较大，特别是在镁离子、钙离子、硫酸根和碳酸根等含量上表现得尤为突出，说明断层是封闭的。对于断层 F3，将 C1、C2 和 E1、E2 井分为 2 组作对比，发现在钾离子＋钠离子、钙离子、碳酸根、重碳酸根和总硬度等指标方面均相同或取值接近，由此断定断层上下盘之间流体是连通的，断层不封闭。对于断层 F4，将 B1、B2 和 D1、D2 井分为 2 组作对比，发现断层上下盘镁、硫酸根、碳酸根、总矿化度和总碱度等指标取值差异均较大，由此断定断层上下盘之间流体不连通，断层封闭。在研究区的 4 条断层中，断层 F1 和断层 F4 属于封闭性断层，F3 不封闭（陈欢庆等，2015）。需要注意的是，利用断层上下盘水分析资料作对比时，一定要注意水分析的时间，只有时间相同或者接近的水分析资料才能作对比，以避免油田开发注水等对分析结果的影响而导致对断层封闭性的误判。根据上述断层封闭性研究的结果，在储层蒸汽吞吐转蒸汽驱过程中，注汽井和采油井井网的设计应该充分考虑到断层封闭性的影响，保证在井组中有断裂发育时，注汽井和采油井具有较好的注采对应关系，同时，注汽井注入的蒸汽还不能沿着开启断裂发生汽窜（陈欢庆等，2015）。

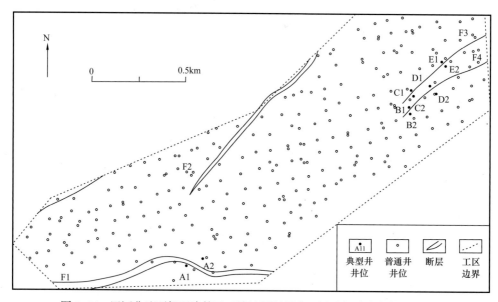

图 2-14　辽河盆地西部凹陷某区于楼油层断层位置图（据陈欢庆等，2015）

六、油气田开发中断裂体系研究的难点和热点

断裂研究存在于油气田开发的各个方面，涉及砂岩、砂砾岩、火山岩、碳酸盐岩等不同岩性油藏，具体内容包括断裂体系成因分析、断层与裂缝在空间的发育位置、规模以及发育规律、断层封闭性、裂缝对储层物性的影响作用、裂缝的多信息综合表征、储层裂缝三维地质建模等。在某种程度上，断裂研究直接决定着开发方案设计成功与否和各种开发措施实施效果的好坏。比如大庆油田，以前在开发中"躲"断层，但现在研究发现，断层对剩余油具有十分重要的控制作用。因此在油田开发中后期，剩余油挖潜时找断层，在断层附近部署剩余油挖潜井，取得了很好的效果。当然，断裂体系对于油气田开发的影响还远不止上文中阐述的这些，还有许多断裂研究相关的问题与油气田开发生产实践息息相关。例如，在长庆油田低渗透油藏中天然裂缝的存在对于储层物性的改善作用，动态裂

表 2-2 辽河盆地西部凹陷某区于楼油层部分典型井水分析结果表（据陈欢庆等，2015）

井名	取样日期	化验日期	钠离子+钾离子（mg/L）	镁离子（mg/L）	钙离子（mg/L）	氯离子（mg/L）	硫酸根（mg/L）	碳酸根（mg/L）	碳酸氢根（mg/L）	总矿化度（mg/L）	总硬度	总碱度	水型	pH 值
A1	2005-06-20	2005-06-21	519.8	4.86	38.1	266	19.21	90	854.28	1792.44	115.1	850.8	NaHCO₃	7
A2	2005-06-16	2005-06-17	437	7.3	20	212.8	4.8	0	884.79	1566.69	80.1	725.7	NaHCO₃	6
B1	2010-03-24	2010-03-25	740.6	3.65	10	248.2	24.02	0	1556.01	2582.52	40	1276.2	NaHCO₃	6
B2	2010-09-27	2010-09-28	579.6	6.08	12	230.5	14.41	60	1067.85	1970.45	55.1	975.9	NaHCO₃	7
C1	2010-10-11	2010-10-12	545.1	9.73	18	230.5	67.24	0	1067.85	1938.45	85.1	875.8	NaHCO₃	6
C2	2010-07-14	2010-07-14	503.7	7.3	18	159.6	91.26	0	1037.34	1817.21	75.1	850.8	NaHCO₃	7
D1	2001-08-03	2001-08-04	363.4	3.65	6.01	141.8	19.21	150	427.14	1111.25	30	600.6	NaHCO₃	8
D2	2001-08-03	2001-08-04	542.8	3.65	12	106.4	24.02	240	793.26	1722.13	45.1	1051	NaHCO₃	8
E1	2003-11-02	2003-11-03	446.2	7.3	16	177.3	14.41	90	762.75	1513.99	70.1	775.7	NaHCO₃	6
E2	2003-11-12	2003-11-13	407.1	4.86	20	177.3	4.8	90	671.22	1375.32	70.1	700.6	NaHCO₃	7

缝的存在可能导致的注入水水窜问题（王友净等，2015）。动态裂缝在吸水剖面上表现为个别层段尖峰状吸水（图 2-15a），示踪剂监测具有明显的方向性（图 2-15b；王友净等，2015）。动态裂缝改变了特低渗透油藏水驱油渗流特征，加剧了储层的非均质性，导致剖面动用程度降低，平面上剩余油呈连续或不连续条带状分布在裂缝两侧；动态裂缝的产生、激化延伸与注水压力、注采比以及油、水井改造措施等密切相关（王友净等，2015）。在塔里木油田深层油藏中，如何将稀井网资料与地震资料有效地结合，实现断裂体系的准确解释和刻画是油气田开发需要重视和解决的关键难题。在大庆油田，如何将井震资料和油田动态监测资料以及丰富的生产动态资料紧密结合，实现四级及其以下低级序断层的精细解释和刻画也是目前亟待解决的难题。由于对油气田开发生产实践具有十分重要的影响作用，上述难题也是目前众多研究者努力攻关的热点。这就需要从事油气田开发研究的工作者，在实践中充分挖掘资料信息，综合多种研究手段，努力实现断裂体系精细刻画，为油气田的高水平开发提供支持和服务。

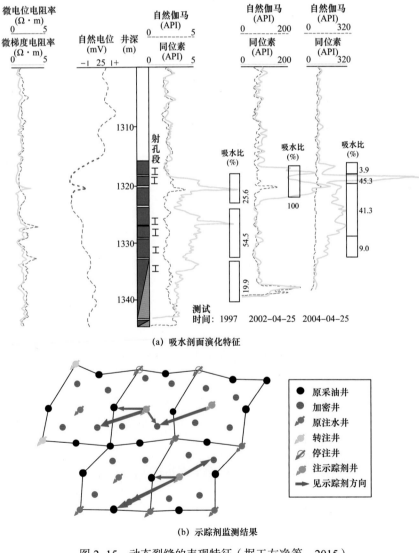

(a) 吸水剖面演化特征

(b) 示踪剂监测结果

图 2-15　动态裂缝的表现特征（据王友净等，2015）

第三节　多信息综合火山岩储层裂缝地质成因分析及表征

所谓裂缝，是指岩石发生破裂作用而形成的不连续面，它是岩石受力而发生破裂作用的结果。裂缝是油气储层特别是裂缝性储层的重要储集空间，更是良好的渗流通道，世界上许多大型、特大型油气田的储层为裂缝型储层。系统地研究裂缝类型、性质、特征、分布规律，对于火山岩等裂缝性油气田的勘探开发具有十分重要的意义（吴元燕等，2005）。前人对火山岩裂缝研究技术做过较多的工作，归纳起来主要包括以下几个方面。（1）综合利用电阻率测井、声波测井、放射性测井、地层倾角测井和 FMI 成像测井等方法，对裂缝进行识别和预测（邓攀等，2002；王拥军等，2007；刘之的等，2008）。（2）利用综合概率法、有限变形法等数学处理方法，分析裂缝的发育特征（戴俊生等，2003；汤小燕等，2009）。（3）采用岩石与岩石骨架纵波波速的比值——龟裂系数裂缝分析法等基于地震资料和地震属性的研究方法，研究火山岩裂隙发育程度和发育规律（聂凯轩等，2007；张凤莲等，2007）。（4）利用数值模拟分析技术，综合油田地质、开发以及生产动态资料，对裂缝进行综合预测（杨正明等，2010）。（5）开发裂缝表征的关键技术。王志章等（1999）在对准噶尔盆地火烧山油田进行裂缝描述时提出一整套系统的裂缝研究技术，包括相似露头区野外考察及岩心观察技术、构造应力场数值模拟预测裂缝技术、实验室分析测定技术、沉积微相综合分析技术、关键井研究及多井评价技术、油藏动态分析技术、钻井工程分析技术、多元统计分析技术、神经网络模拟及预测技术、分形预测技术、地质统计学预测技术、渗流地质学分析技术、裂缝性油藏模型建模技术。（6）通过系统的等温剩磁和热退磁分析，获取裂缝发育信息，研究裂缝（章凤奇等，2007）。（7）裂缝的成因机制研究，以获取裂缝与储层关系信息，指导油气勘探开发（李春林等，2004；刘立等，2003）。E.d'Huteau 等（2001）对阿根廷 San Jorge 盆地上白垩统 Castillo 组狭长的凝灰岩裂缝进行了研究，结果表明水力压裂的效果很差，主要原因是在多裂缝系统过早注水，水力压裂缝平行于原始裂缝方向或者诱导缝与井之间连通性很差。（8）裂缝地质建模和预测。吴永平等（2015）以迪那 2 气田超高压低孔裂缝性砂岩为例，探索储层裂缝建模方法及裂缝预测技术。结果表明，利用动态参数优化等效参数模型，大大提高了裂缝属性参数模拟的精度。（9）裂缝实验研究新方法新技术。苟启洋等（2019）基于微米 CT 方法研究页岩微裂缝。（10）非常规油藏储层裂缝表征。商晓飞等（2021）对页岩气藏裂缝表征与建模技术应用现状及发展趋势进行了全面梳理。

本书通过岩心裂缝的直接观察、镜下薄片裂缝的微观表征、测井裂缝资料裂缝图像分析、地震资料裂缝宏观预测等手段，对研究区目的层裂缝发育特征进行了详细表征，并分析了裂缝的成因，以期为火山岩气藏有效开发提供地质依据（陈欢庆等，2016）。

一、松辽盆地徐东地区营城组一段火山岩气藏地质概况

松辽盆地徐深气田位于黑龙江省大庆—安达境内，南北长约45km，东西宽约10km。徐深气田区域构造上位于松辽盆地北部徐家围子断陷，断陷形成于晚侏罗世到早白垩世早期，地层自下而上分别为火石岭组、沙河子组、营城组和登娄库组及泉头组一、二段。由

于火山喷发活动频繁，在营城组发育了大量的火山产物。火山岩储层分布在下白垩统的营城组一段和三段中，以酸性喷发岩为主。目前，有各类井 69 口，获工业气流井 38 口，已具千亿立方米天然气储量规模，其中火山岩储层储量占 89.8%，是大庆油田天然气开发的主要领域（吴河勇等，2002；王英南等，2009）。研究区徐东地区位于徐家围子断陷中部，徐深气田发现井徐深 1 井即位于该区内。徐东地区目前已成为徐深气田最重要的天然气目标区之一，目的层段是自垩系营城组一段火山岩地层，对其进行裂缝分析，不但对徐深气田的火山岩气藏有效开发具有实践意义，而且对于松辽盆地及国内其他盆地火山岩气藏开发也具有参考价值（图 2-16）。

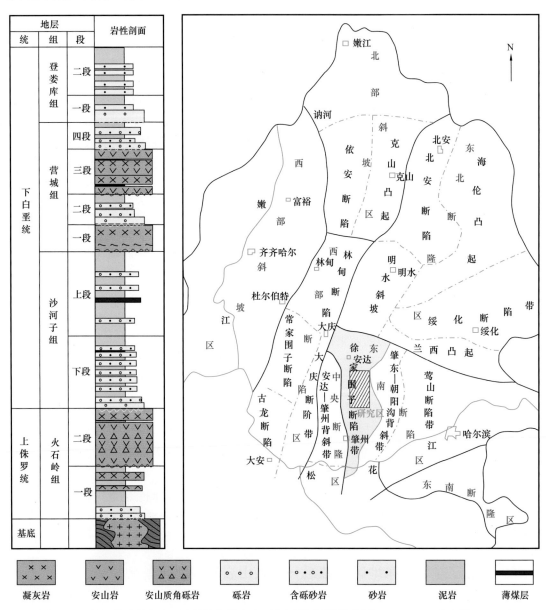

图 2-16　松辽盆地徐东地区地层柱状图和地理位置图（据吴河勇等，2002；王英南等，2009）

二、裂缝表征的研究思路

陈欢庆等（2011）主要利用钻井岩心、薄片和FMI、常规测井识别裂缝，实现裂缝类别划分和成因分析。在此基础上进行地震资料构造解释、断裂相干体分析对火山岩气藏裂缝平面发育特征进行刻画。同时参考盆地构造发育史、埋藏成岩史等特征明确盆地断裂发育史及其对裂缝发育的影响，认识其演化规律及储渗能力的空间分布。划分裂缝发育期次，研究不同发育期次裂缝对储层储集性能的影响和贡献，分析不同发育时期裂缝在不同区域的储层开发地质特征，这样使得裂缝评价结果对气藏开发具有更强的针对性和参考价值。研究过程中在充分运用地质资料的同时应该深入挖掘地震信息，借助微机工作站，利用Petrel软件，基于钻井和地震资料对裂缝的蚂蚁追踪功能，分析裂缝发育规律，这样研究结果比常规的裂缝相干分析更为精细。

三、研究区目的层裂缝分类

从成因角度来看，松辽盆地徐东地区营城组一段火山岩气藏储层裂缝可以划分为构造裂缝、冷凝收缩裂缝、炸裂缝、溶蚀裂缝、缝合缝、风化裂缝等（表2-3）。构造裂缝是由局部构造作用形成的或与局部构造作用伴生的裂缝，主要是与断层和褶曲有关的裂缝。裂缝的方向、分布和形成均与局部构造的形成和发展相关，多具方向性，成组出现，延伸较远、切割较深；自身储集空间不大，但可将其他孔隙连通起来，故常成为火山岩储层的渗流通道，大大地改善了岩石的储集性能。裂缝宽0.01～0.1mm，个别较窄，有的较宽的构造裂缝内部分或全部充填方解石或石英，研究区目的层的构造缝主要为与断层有关的裂缝。冷凝收缩缝是岩浆喷溢至地表后，在冷凝固化过程中体积收缩形成的一种成岩缝，主要见于熔岩和火山碎屑熔岩中，如流纹岩、角砾熔岩，其次见于普通火山碎屑岩中。火山喷发爆炸时，岩浆携带的碎屑物质受气液爆炸作用形成的裂缝称为炸裂缝，各种火山岩中都可发育此种裂缝，以凝灰熔岩、晶屑凝灰岩中最多。在原有裂缝基础上发生溶蚀作用而形成的裂缝叫溶蚀裂缝。流纹质火山角砾岩中基质被溶蚀形成网状缝，火山角砾粒间被溶蚀形成次生裂缝，这些裂缝比较宽，有效性也较好，但数量较少，统计发现仅有10%的

表2-3 松辽盆地徐东地区营城组一段火山岩储层裂缝分类特征

特征 分类	尺度	成因	发育程度	常见的岩石	识别资料基础
构造裂缝	规模大	构造作用	很发育	各种岩石类型	岩心照片、地震资料
冷凝收缩裂缝	规模小	火山喷发、成岩作用	局部较发育	熔岩和火山碎屑熔岩	镜下薄片
炸裂缝	规模小	火山喷发	局部较发育	凝灰熔岩、晶屑凝灰岩	镜下薄片
溶蚀裂缝	规模中到小	成岩作用	很发育	各类岩性	镜下薄片
缝合缝	规模小	成岩作用	不发育	凝灰岩和火山角砾岩	镜下薄片
风化裂缝	规模不等	成岩作用	不发育	火山角砾岩	岩心照片

构造裂缝发生过溶蚀。缝合缝的突出特征是呈锯齿状，本区目的层的缝合缝常切割熔岩的斑晶和基质，或切割火山碎屑岩的火山碎屑，缝间多为铁质、泥质全部充填或部分充填，未充填者较少。此种裂缝在凝灰岩和火山角砾岩中偶尔见到，其他类型的火山岩中尚未见到。风化裂缝是指那些在地表或近地表与各种机械和化学风化作用（冰融循环、小规模的岩石崩解、矿物的蚀变和成岩作用）及块体坡移有关的裂缝。冷凝收缩裂缝在泥岩中也可以看到（吴元燕等，2005），而炸裂缝是火山岩中特有的，其余裂缝在碎屑岩和碳酸盐岩中也可以看到，为裂缝成因分类的常见类型。本书的分类充分考虑到火山岩的特征，比一般的裂缝成因分类更加全面和完善。

四、多信息综合火山岩储层裂缝表征

1. 野外露头裂缝特征

为了对研究区目的层裂缝发育特征进行大体直观的了解，研究中收集到前人对松辽盆地营城组裂缝发育部分野外露头资料（图2-17；王璞珺等，2008）。从露头上可以对松辽盆地营城组火山岩发育的规模、密度和延伸方位等特征有直观的认识，为徐东地区营城组一段火山岩裂缝分析提供参考。

图2-17　松辽盆地营城组火山岩裂缝野外露头特征（据王璞珺等，2008）

（a）流纹构造流纹岩，发育垂直构造裂缝；（b）流纹质凝灰岩，发育裂缝网络，吉林九台上河湾

2. 岩心构造裂缝识别特征

对裂缝进行岩心观察是研究储层裂缝的直接方法。观察松辽盆地徐东地区火山岩储层裂缝，在岩心上主要表现为规模较大的垂直构造裂缝和高角度构造裂缝，裂缝的发育程度在不同的区域和不同岩性处各有差异（图2-18）。岩心上的裂缝规模都较大，一般延伸距离大于0.5m，在局部可以表现为多条规模稍小的裂缝（一般延伸距离小于0.1m）组成的三维裂缝网络。

依据岩心资料上构造缝的截切关系以及构造缝的充填情况可以定性划分裂缝的发育期次。研究区构造缝划分为3期（图2-18），第1期为已充填并被高角度构造缝截切的低角度构造缝，后期形成的构造缝通常切割早期形成的构造缝；第2期为切穿低角度构造缝并

被充填的高角度构造缝，这些构造缝被方解石脉充填或岩浆侵入，因此形成时间通常早于呈开启或半开启状态的高角度构造缝；第3期为切穿低角度构造缝但仍处于开启状态的高角度构造缝。一般早期形成的裂缝为方解石脉充填，裂缝的宽度都较大，大于0.01m，延伸距离较远；而晚期形成的裂缝一般都处于开启状态，延伸距离多数较远，大于0.5m；而有大约1/3集中发育，规模很小，并形成裂缝网络。分析不同时期裂缝对储层性质的作用，后两个阶段发育的裂缝对储层性质影响最大。

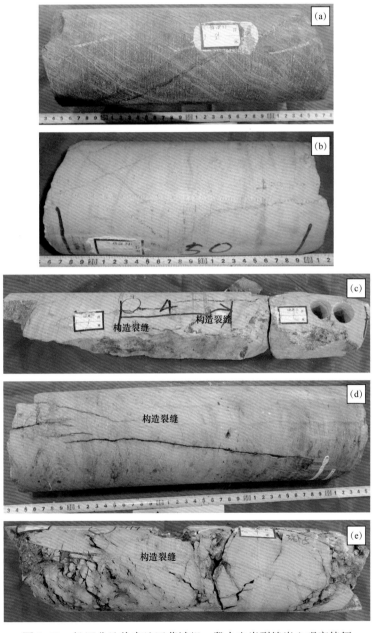

图 2-18　松辽盆地徐东地区营城组一段火山岩裂缝岩心观察特征

（a）高角度方解石脉充填构造裂缝，XS17 井，3649.89～3650.15m；（b）高角度方解石脉充填构造裂缝，XS231 井，3760～3760.23m；（c）垂直构造裂缝，XS12 井，3730.06～3730.57m；（d）高角度构造裂缝、垂直构造缝，XS21 井，3656.24～3656.58m；（e）高角度构造裂缝网络，XS12 井，3667.83～3668.24m

3. 镜下薄片裂缝发育特征

利用显微镜对裂缝进行观察是裂缝研究中最直接的方法之一，从镜下薄片中研究者可以对裂缝的微观发育特征有充分的认识（图 2-19）。研究区目的层裂缝形态各异，规模不等。既有规模较大，在空间上延伸距离较远的大裂缝，也有受后期成岩作用影响而形成的小裂缝。在局部裂缝较发育的部位，裂缝可以形成空间上的三维网络（图 2-19h），一方面这些裂缝网络可以成为油气运移输导的有利通道，另一方面这些裂缝也可以在开发过程中造成水窜，严重影响开发效果。

炸裂缝（图 2-19a）、溶蚀裂缝（图 2-19b、c）、构造裂缝（图 2-19d、e）、收缩缝（图 2-19f）和缝合缝（图 2-19g）等在镜下薄片中都有特征的表现，具体见表 2-3，在此不再赘述。受资料条件和观察尺度的影响，溶蚀裂缝在镜下最为常见，而炸裂缝次之，其他类型的裂缝较少观察到。同时裂缝发育的期次性在薄片中也可以看到（图 2-19e），共表现出 3 期的特征（不同期次裂缝的走向可以参照平面图的方位获得），这与岩心观察到的结果具有良好的一致性。

4. 测井裂缝发育特征表征

对于裂缝表征，可以使用的测井评价方法较多，其中 FMI 成像测井方法是一种利用电流束和声波波束对井轴进行扫描，从而得到有关井壁"图像"的一类测井方法（王志章等，1999），该方法对储层裂缝研究效果明显。本次研究中除利用常规测井解释分析裂缝与储层岩相等关系外，主要利用成像测井结合岩心对比分析，对研究区目的层的裂缝发育特征进行了详细分析（图 2-20）。在成像测井图像中，垂直裂缝、高角度和低角度以及水平裂缝都有明显的反映，其中以第三期裂缝最为突出。同时，众多的微裂缝在 FMI 成像测井图像上有很直观的反映，这些微缝宽度一般为 1～40μm。

5. 地震资料断裂发育特征表征

在本次研究过程中，为了精细刻画裂缝在平面上，特别是在无井区的发育特征，首先进行了裂缝相干分析，图 2-21a 是徐东地区 XS27 井区相干体所展示的裂缝发育特征，从图 2-21a 中可以看到，裂缝在该井区东北部和西南部最为发育，而在靠近中部区域发育程度较弱。图 2-21b 为在断裂相干分析基础上利用 Petrel 软件所做的裂缝蚂蚁追踪研究结果，从图 2-21b 中可以看到，微裂缝主要沿较大规模的断裂发育，在不同的区域发育的密度有所差别。对比图 2-21 中两幅图可以发现，利用蚂蚁追踪功能所求取的裂缝发育特征，相比相干体分析所获得的结果更为精细，它利用特征的算法，将地震数据体所包含的信息充分的挖掘出来，展示在平面上，这为无井区裂缝的精细刻画提供了十分有效的研究手段。

蚂蚁追踪技术是 Petrel 软件新开发的功能，它除了可以刻画大断裂外，对小断层和裂缝也能精细表征。通过该项研究发现，宏观上沿着徐东地区徐中断裂和徐东断裂，裂缝最为发育，大致呈近南北向展布。在研究区北部和中部，断裂的规模较大，数量较少，分布较集中；研究区南部断裂规模较小，但数量更多，分布较分散。从位置上看，在研究区北

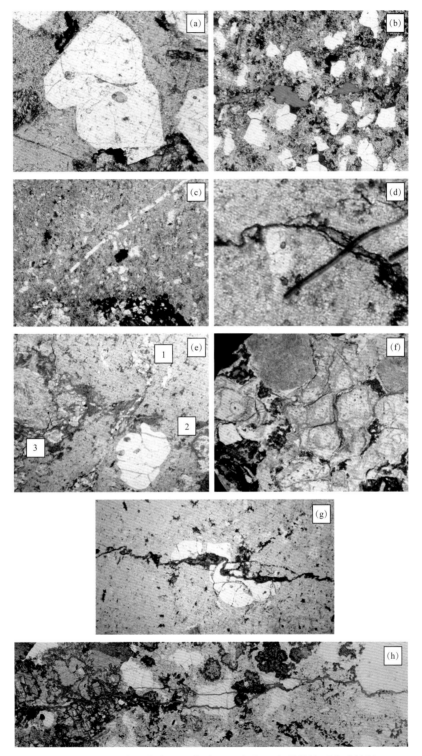

图 2-19 松辽盆地徐东地区营城组一段火山岩裂缝镜下薄片特征

（a）晶屑炸裂缝，XS42 井，3702.06m，×10，（−）；（b）溶蚀裂缝，XS21 井，3658.66m，×10，（−）；（c）石英半充填溶蚀裂缝，XS23 井，3899.47m，×40，（−）；（d）绿泥石充填裂缝，XS12 井，3731.47m，×10，（−）；（e）不同期次裂缝发育特征，XS12 井，3611.07m，×10，（−）；（f）火山角砾岩冷凝收缩缝，XS401 井，4176.48m，×10，（−）；（g）缝合缝，XS12 井，3731.47m，×40，（−）；（h）裂缝连通网络，XS21 井，3731.17m，×40，（−）

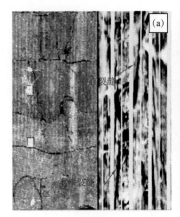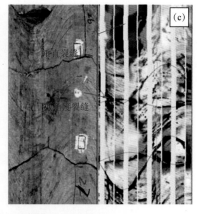

图 2-20　松辽盆地徐东地区营城组一段火山岩裂缝成像测井响应特征

（a）水平裂缝和垂直裂缝，XS13 井，4130～4131.2m；（b）高角度裂缝和水平裂缝，XS14 井，4207.7～4209.3m；

（c）低角度裂缝和垂直裂缝，XS21 井，3732.4～3734.4m

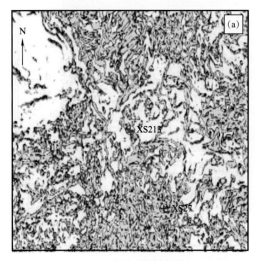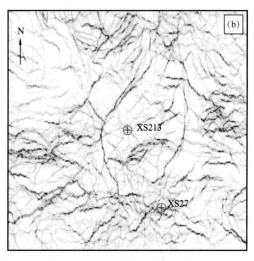

图 2-21　松辽盆地徐东地区 XS27 井区营城组一段地震资料刻画断裂发育特征

（b）中深色线条是断裂在平面上的发育位置，XS27 井区的位置如图 2-22 所示；

（a）地震相干体分析断裂平面特征；（b）地震数据蚂蚁追踪断裂平面发育特征

部和中部，断裂主要发育于徐东地区靠近西半部，而在徐东地区南部，断裂基本均匀分布（图 2-22）。宏观上裂缝与断裂发育规律一致，多发育在断裂附近。微观上，在发育南北向靠近断裂带裂缝的同时，还发育众多东西向或近东西向的裂缝，这些基本裂缝与南北向的裂缝相连，但后者在侧向上延伸的距离要远远小于前者。上述这些不同方向发育的裂缝在空间上共同组成了徐东地区三维裂缝网络，对研究区目的层储层性质起着重要的影响作用。

五、裂缝的成因及影响因素

从地质角度而言，裂缝的形成受到各种地质作用的控制，如局部构造作用、区域应力作用、成岩收缩作用、卸载作用、风化作用，甚至沉积作用，在不同的地区可能有不同的

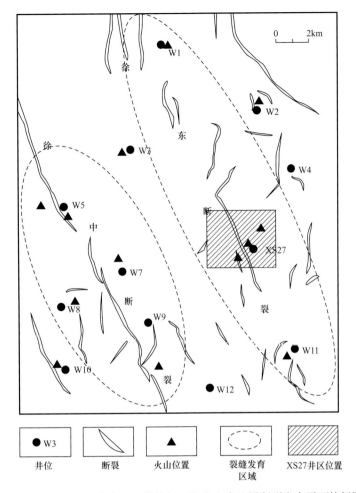

图 2-22　松辽盆地徐东地区营城组一段火山岩地层断裂发育平面特征图

控制因素（吴元燕等，2005）。分析发现，松辽盆地徐东地区营城组一段火山岩气藏储层裂缝形成受构造作用、火山岩岩性、火山岩体、火山岩相和成岩作用等因素影响。从宏观上裂缝在空间上的分布以及镜下薄片等资料显示的裂缝微观特征看，构造作用和成岩作用为裂缝发育的主要因素，而火山岩岩性、岩相以及火山岩体等因素为次要因素。

1. 构造作用的影响

构造特征是火山岩储层发育的主控因素之一，它对裂缝的发育更是起着决定性的影响作用。构造作用影响裂缝的形成和发育主要体现为断裂活动以及构造抬升和压实作用所形成的古地形特征两方面，其中又以断裂活动为主导。徐深气田断裂活动具有分期性，按断裂活动时期可将断裂系统分为早期断裂（火石岭组沉积期至沙河子组沉积期）、继承性断裂（火石岭组沉积期至营城组沉积期）以及晚期断裂（登娄库组沉积期以后）共三期断裂系统，在空间上主要表现为徐中和徐东两条大断裂（图 2-22）。前人理论研究和实际观测结果表明（吴元燕等，2005），断层和裂缝的形成机理是一致的，裂缝是断层形成的雏形。一般而言，在已存在的断层附近，总有裂缝与之伴生，两者发育的应力场应是一致的。

从断裂与裂缝的分布状况看，平面上徐中、徐东断裂带附近断裂与裂缝发育程度较高，远离徐中、徐东断裂带断裂与裂缝发育程度较低；纵向上营一段的断裂与裂缝发育程度高于营四段断裂与裂缝的发育程度。徐东地区具有火山活动与构造运动双重成因机制，由受断裂控制的多个断背斜、断块组成。研究区内现今构造特征整体表现为中部低、四周高，主体部位徐东斜坡带表现为东高西低；这种特征的地形状况，通过影响火山岩体的展布规律来影响裂缝的发育。

由于研究区目的层火山喷发主要为裂隙—中心式喷发，因此在靠近火山口的构造高部位，裂缝的发育程度一般要高于远离火山口的构造低部位。研究中对于火山口的识别主要依靠地震资料来完成，一般火山口在地震剖面上呈倒锥形，且椎体内部地震反射杂乱。同时，如果有钻井穿越火山口，还可以参考井上岩电特征。从断裂发育平面图看（图2-22），火山口多分布在断裂发育的位置，而断裂发育的位置往往裂缝也发育。值得一提的是，图2-22与图2-21看似不甚一致，那是因为后者是前者的局部展示，精度更高而已。

2. 火山岩岩性的影响

徐东地区营城组一段火山岩储层为多期次喷发形成的，火山岩岩石类型繁多。通过分析测试资料、镜下观察及TAS图版等可知（图2-23），取心段火山岩岩石类型有火山熔岩和火山碎屑岩2类、17种岩性。火山熔岩从酸性岩、中酸性岩、中性岩到中基性岩均有分布，以酸性为主。岩石类型分别是角砾熔岩、凝灰熔岩、熔结角砾岩、玄武质角砾熔岩、流纹岩、凝灰岩、沉凝灰岩、火山角砾岩、玄武岩、熔结凝灰岩、沉火山角砾岩、砾岩、晶屑凝灰岩和玄武质火山角砾岩、凝灰质角砾岩、粉砂岩和细砂岩等，其中以流纹岩、角砾熔岩和凝灰熔岩最为发育。

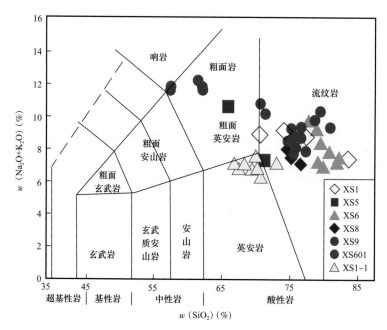

图2-23 松辽盆地徐东地区火山岩全碱—二氧化硅图（TAS图）（据王拥军等，2007）

从岩性来看，流纹岩、熔结凝灰岩、凝灰岩岩性致密，构造缝发育，而其他火山岩岩石类型裂缝发育程度相对较低；火山角砾岩、熔结角砾岩、角砾熔岩等火山碎屑岩中溶蚀裂缝最发育。由于研究区目的层以流纹岩、熔结凝灰岩和晶屑凝灰岩等酸性岩为主，而这些岩石类型又多连片发育，因此发育于这些岩性中的构造裂缝延伸距离都较远，多大于0.5m，这在岩心观察的裂缝特征中有明显的表现。

3. 火山岩体的影响

松辽盆地徐东地区营城组一段发育多个火山岩体，不同喷发旋回的火山岩体在空间上相互叠置，共同构成了目的层火山岩地层。沿着这些火山岩体界面，多发育低角度缝或水平缝。火山岩体的规模和相互叠置的状态在一定程度上影响了裂缝发育的角度和在空间上延伸的范围。通过火山口位置的确定、不同时期火山岩体在地震剖面上同相轴的连续性、强弱等信息，可以在地震剖面上初步追踪火山岩体。如果该火山岩体中有钻井钻遇，还可以参考井上火山岩体岩电特征。从剖面上看，一般在靠近火山口的火山岩体界面附近，多发育高角度裂缝，裂缝在垂向上延伸较远，而在远离火山口的火山岩体边界，多发育水平裂缝和低角度裂缝，裂缝在侧向上延伸较远，裂缝在地震剖面上主要表现为内部反射杂乱的条带状，一般在同相轴截然断开的断层附近也会伴生裂缝（图2-24）。在利用地震剖面识别裂缝时，上述特征应该在相邻的或垂直相交的多条剖面上反复对比，只有多条剖面上都有显示时才能确定。当然，裂缝的发育规模和倾角大小在一定程度上还受到地形因素的影响。从平面上看，裂缝主要发育于火山体中靠近火山口附近的区域，而随着与火山口距离的增加，裂缝的发育程度逐渐减弱。

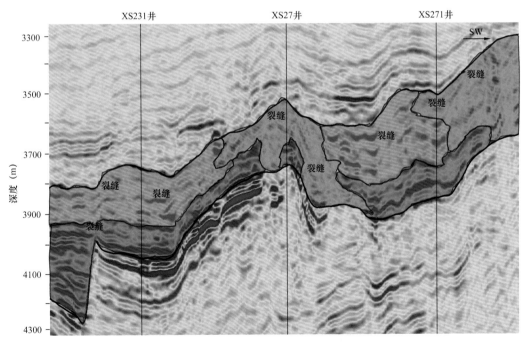

图2-24 松辽盆地徐东地区营城组一段井震资料结合火山岩体识别特征
（图中不同颜色区域为不同的火山岩体）

4. 火山岩相的影响

研究区目的层火山岩可以划分为 5 种相和 16 种亚相（表 2-4）。火山通道相测井曲线表现为高值锯齿状，厚度一般为 30m 左右；侵出相一般靠近火山通道相发育，测井曲线多中低值，厚度一般小于 20m；爆发相电阻率曲线表现为中低值，锯齿状；溢流相电阻率的曲线外形表现为厚层、微齿化、中高电阻率。火山沉积相测井曲线常表现出韵律特征，薄厚不等。通过分析常规测井解释裂缝孔隙度和裂缝渗透率与火山岩相关系可知，火山沉积相裂缝物性最好，而侵出相裂缝物性最差，其他火山岩相物性介于这两种相之间（图 2-25）。火山沉积相一般由各种火山碎屑岩组成，颗粒之间胶结较差，易于形成裂缝。通过观察断裂分布与裂缝发育平面叠合关系图件及火山口分布的位置与断裂的分布特征对比发现，研究区的火山喷发主要为裂隙—中心式喷发，因此火山通道相和爆发相的区域裂缝更为发育，而远离火山口的溢流相和火山沉积相裂缝发育程度要相对差一些。当然，火山沉积相裂缝发育较溢流相程度高主要是由岩性引起的。裂缝发育指数是通过裂缝储渗特征反映裂缝发育程度的参数（匡建超等，2001），定义为

$$F = \phi_{\mathrm{f}} \cdot K_{\mathrm{f}} \cdot h \times 100 \qquad (2-1)$$

式中　ϕ_{f}——裂缝孔隙度，%；

　　　K_{f}——裂缝渗透率，mD；

　　　h——储层厚度，m。

从裂缝发育指数和裂缝发育宽度柱状图（图 2-26）中也可以看到，火山通道相为裂缝最发育的火山岩相类型。其中裂缝发育指数通过裂缝孔隙度和裂缝渗透率可以求取，而裂缝宽度可以通过成像测井 FMI 求取，裂缝宽度为

$$\varepsilon = a A R_{\mathrm{xo}}^{b} R_{\mathrm{m}}^{1-b} \qquad (2-2)$$

式中　a、b——与仪器有关的常数，其中 b 接近零；

　　　A——由于裂缝造成的电导率异常的面积，mm^2；

　　　R_{xo}、R_{m}——侵入带及钻井液电阻率，$\Omega \cdot m$。

这些数据都可以通过测井资料获取，从而计算出裂缝宽度。

表 2-4　松辽盆地徐东地区营城组一段火山岩相类型简表

相	单井厚度所占比例（%）	亚相
火山通道相	4.55	火山颈亚相、次火山亚相、隐爆角砾岩亚相
侵出相	1.35	内带亚相、中带亚相、外带亚相
爆发相	44.71	溅落亚相、热碎屑流亚相、热基浪亚相、空落亚相
溢流相	43.40	顶部亚相、上部亚相、中部亚相、下部亚相
火山沉积相	5.99	含外碎屑亚相、再搬运亚相

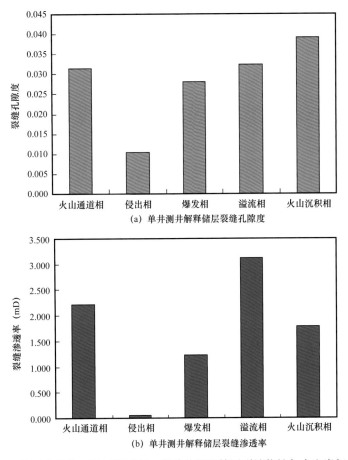

(a) 单井测井解释储层裂缝孔隙度

(b) 单井测井解释储层裂缝渗透率

图 2-25　松辽盆地徐东地区营城组一段单井解释储层裂缝物性与火山岩相关系图

5. 成岩作用的影响

火山岩的成岩作用从油气储层研究角度定义为火山喷发产物——熔浆和（或）火山碎屑物质转变为岩石，直至形成变质岩或形成风化产物前所经历的各种作用的总和。成岩作用对于裂缝的影响作用主要通过镜下薄片观察获得。分析成岩作用对裂缝的影响作用，主要划分为积极和消极两方面，前者主要包括冷凝（却）收缩作用、溶蚀作用、风化作用等；后者主要包括压实作用、充填作用等（图 2-20）。冷凝（却）收缩作用主要是火山喷发物质冷凝（却）收缩而形成。溶蚀作用则分为颗粒内部部分溶蚀（晶屑内溶蚀、火山角砾岩岩屑内溶蚀）、颗粒全部溶蚀形成铸模孔（长石斑晶或岩屑被溶蚀形成铸模溶孔）、球粒流纹岩基质溶蚀、粒间溶蚀四种，其中粒间溶蚀对裂缝形成影响作用大于粒内溶蚀作用。风化作用主要是岩石暴露地表或在近地表遭受各种机械或化学改造作用。风化作用主要是形成风化缝，改善储层性质。研究区目的层风化作用对裂缝形成的影响要小于冷凝（却）收缩作用和溶蚀作用。火山碎屑物质经过压实固结形成岩石的作用称为压实作用。通过显微镜下观察，研究区目的层的充填作用包括钠长石充填、自生石英充填、绿泥石充填、碳酸盐充填等，其中对裂缝破坏最大的是绿泥石充填作用。与充填作用相比，压实作用对于裂缝的破坏作用要小得多。对比上述的压实作用，以溶蚀作用和充填作用最常见。

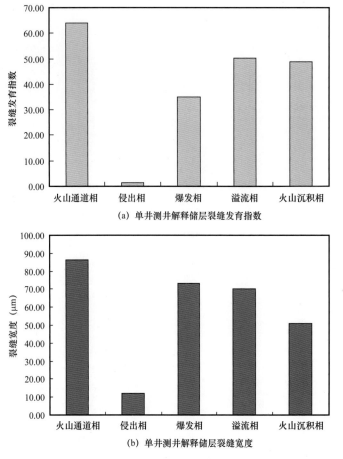

(a) 单井测井解释储层裂缝发育指数

(b) 单井测井解释储层裂缝宽度

图 2-26　松辽盆地徐东地区营城组一段储层裂缝发育程度与火山岩相关系图

值得一提的是，上述成因影响因素在松辽盆地徐东地区营城组一段火山岩气藏储层裂缝的形成过程中是相互影响的。例如在构造缝发育的区域岩石破碎疏松，就容易遭受溶蚀，而形成溶蚀裂缝（图 2-19e）。有时同一条裂缝也许是受几种因素共同作用形成，只是不同因素所起作用比重不同而已，图 2-19a 就是构造作用形成的裂缝受成岩作用中充填作用影响形成的裂缝。因此，在裂缝成因机制分析过程中应该坚持综合分析的思路。

第四节　小　　结

（1）构造地质成因分析，在油气田开发中具有十分重要的作用。国外研究优势主要表现在固体矿产构造地质成因分析进展很大，研究方法包括野外露头等基础地质、岩石学等多种，地质建模方法开展构造地质成因分析取得丰富成果，研究对象涉及碎屑岩、碳酸盐岩、火山岩、变质岩等多种成因类型储层。不足主要表现在油气勘探开发相关的构造地质成因分析较少、微观角度构造地质成因分析较少、测井资料在构造地质成因分析中的应用不充分。国内优势主要表现在油气勘探开发领域取得了一定成果，研究方法以基础地质、井震结合精细解释、构造成因物理模拟实验等为主，对微幅度构造地质成因分析充分重视。不足主要表现在构造地质成因分析与沉积学分析和成岩作用等相关学科的结合不够，地质建模方法还存在很大问题，研究对象以碎屑岩为主。

（2）油气田开发中构造地质成因分析的主要内容包括：① 通过构造演化历史分析和地应力场等研究，确定断裂体系构造地质成因；② 井震结合开展精细的构造解释，分析构造分布特征的地质成因；③ 对野外地质露头观察、测井解释、地震解释、分析测试统计、物理模拟和数值模拟等构造地质成因研究方法进行探索和改进；④ 综合动静态资料，开展储层地质成因分析，确定构造成因的主要控制因素；⑤ 将构造地质成因分析与沉积相研究和成岩作用研究等紧密结合；⑥ 加强地质成因分析成果应用，为油气田开发提供基础；⑦ 裂缝表征和建模；⑧ 微构造地质成因分析。油气田开发中构造地质成因研究的方法主要包括基础地质研究方法、野外露头观察描述方法、岩心观察和描述方法、镜下薄片观察方法、物理模拟方法、各种测井解释方法、地震解释方法、各种分析测试统计方法、地质建模方法、动态监测和生产动态分析方法等。

（3）构造地质成因分析存在的主要问题包括：① 与沉积学分析和成岩作用研究等相关学科结合不够；② 总体上以地质和地球物理分析等定性研究为主；③ 研究方法的选择过于单一；④ 地质建模方法，特别是裂缝地质建模还存在很多问题；⑤ 目前已有的构造地质成因方法还存在各种问题；⑥ 构造地质成因分析中，宏观尺度研究较多，而对微观尺度的研究重视不够；⑦ 研究对象以碎屑岩为主，对于碳酸盐岩、火山岩和变质岩等涉及较少；⑧ 构造地质成因分析应用的领域很局限。发展趋势主要包括：① 加强与沉积学研究和成岩作用等研究结合；② 不断探索提高构造地质成因分析的定量化研究水平；③ 实践中探索综合不同的研究方法，开展构造地质成因综合分析；④ 攻关地质建模的算法设计，提高地质建模方法在构造地质成因分析中应用力度；⑤ 探索各种新技术和新方法在构造地质成因分析中的应用；⑥ 从微观尺度不断提高构造地质成因分析研究的精度；⑦ 开展碳酸盐岩、火山岩和变质岩等其他岩性油藏构造地质成因分析；⑧ 不断拓展构造地质成因分析应用的领域。

（4）断裂精细研究对油气田开发和提高石油采收率具有十分重要的生产实践意义。油气田开发中断裂体系研究的基础主要包括资料基础和研究方法两个方面。研究资料主要包括基础地质资料、野外露头资料、钻井资料、地震资料、动态监测资料和生产动态资料等。研究方法主要包括基础地质研究、野外露头观察描述、岩心观察和描述、镜下薄片观察、物理模拟、各种测井解释、地震解释、各种分析测试统计、地质建模、动态监测和生产动态分析方法等。

（5）断层和裂缝发育位置、规模和分布规律的精细刻画、断裂储层构型分析、断层精细解释和建模、断层封闭性的评价等与油气田有效开发密切相关，在油气田开发中需要充分重视。断层和裂缝的发育规律控制着储层性质和剩余油分布规律，断裂构型和断层封闭性影响着注采井之间的连通性，断层建模对储层井间预测具有十分重要的影响。

（6）断裂研究存在于油气田开发的各个方面，涉及砂岩、砂砾岩、火山岩、碳酸盐岩等不同岩性油藏。具体内容主要包括断裂体系成因分析、断层与裂缝在空间的发育位置、规模以及发育规律、断层封闭性、裂缝对储层物性的影响作用、裂缝的多信息综合表征、储层裂缝三维地质建模等。具体而言，长庆油田低渗透油藏中天然裂缝和动态裂缝的表征、塔里木油田深层油藏中稀井网资料与地震资料有效结合断裂体系的准确解释和刻画、大庆油田井震资料和油田动态监测资料以及丰富的生产动态资料紧密结合四级及以下低级序断层的精细解释和刻画等是目前油气田开发中断裂体系研究的难点和热点。

（7）从成因角度，将松辽盆地徐东地区营城组一段火山岩储层裂缝划分为构造裂缝、冷凝收缩裂缝、炸裂缝、溶蚀裂缝、缝合缝、风化裂缝等多种类型，其中构造缝和溶蚀裂缝最发育。

（8）松辽盆地徐东地区营城组一段火山岩储层构造裂缝在岩心中表现最为明显，以高角度或垂直裂缝为主，延伸距离一般大于0.5m，镜下观察以溶蚀裂缝为主。研究区目的层裂缝可以划分为3个发育阶段，综合岩心、薄片、常规测井和FMI测井、地震资料等可以实现裂缝的精细表征。利用Petrel软件对研究区目的层裂缝进行蚂蚁追踪分析，效果明显优于裂缝相干体分析技术。

（9）松辽盆地徐东地区营城组一段火山岩储层地震资料蚂蚁追踪结果表明，宏观上沿着徐东地区徐中断裂和徐东断裂，裂缝最为发育，大致呈近南北向展布。在研究区北部和中部，断裂的规模较大，数量较少，分布较集中；研究区南部断裂规模较小，但数量更多，分布较分散。裂缝与断裂发育规律一致，多发育在断裂附近。微观上，在发育北东向靠近断裂带裂缝的同时，还发育众多东西向或近东西向的裂缝，这些基本裂缝与南北向的裂缝相连，但后者在侧向上延伸的距离要远远小于前者。

第三章　储层地质成因分析

储层地质成因分析是目前油气田开发中油气藏地质成因分析十分重要的内容之一，包括沉积环境的确定、不同沉积相的成因分析、不同级次储层构型和单砂体地质成因分析、隔夹层成因分析、储集空间成因分析、储层成因主控因素分析和储层定量分类评价等。储层成因的准确认识，对油气藏有效开发具有十分重要的意义（陈欢庆等，2016）。

第一节　利用粒度分析方法研究砾岩储层沉积成因环境

粒度分析的目的是研究碎屑岩的粒度大小和粒度分布。碎屑岩的粒度分布及分选是衡量沉积介质能量的度量尺度，是判别沉积时期自然地理环境以及水动力条件的良好标志。碎屑岩的粒度及其空间展布也影响了储层的物性，粒度分析对于沉积储层评价也有重要意义（朱筱敏等，2008）。对于开展粒度分析相关的研究，前人做过大量的工作（张素梅等，2003；袁义芳等，2005；张璞等，2005；徐春华等，2007；张平等，2008；杨欣德等，2008；蒋明丽等，2009；朱青等，2009；刘招君等，2010；刘正伟等，2011；付宪弟等，2013；葛东升等，2018；袁红旗等，2019），取得了许多成果。宋子齐等（2005）根据克拉玛依油田砾岩储层非均质性和复模态孔隙结构特点，利用粒度分析资料研究砾岩储层有利沉积相带。张璞等（2005）以厦门市第四纪为例，对粒度分析在沉积环境研究和地层划分与对比中的应用进行了分析。张平等（2008）研究了稳定湖相沉积物和风成黄土粒度判别函数的建立及其意义，这为地史中稳定湖泊与风成环境沉积物的鉴别提供粒度分析定量化判别方法，它对陆相古环境、干旱化事件和尘暴事件等研究具有十分重要的借鉴价值。朱锐等（2010）以江汉盆地西北缘上白垩统红花套组沉积为例，介绍了粒度资料的沉积动力学在沉积环境分析中的应用。陈飞等（2010）对陕北地区上三叠统延长组三角洲骨架砂体粒度特征进行了分析，研究表明，粒度因河型不同而迥异，偏度—峰态在不同河型中表现不同。周磊等（2010）介绍了碎屑颗粒粒度分析在东营凹陷辛176块沙四段上亚段砂体成因研究中的应用，利用粒度资料进行沉积物的粒度结构分析，能有效地判定沉积物搬运方式、判别水动力条件、区分沉积环境类型、研究沉积物的成因机制。潘峰等（2011）利用钱塘江南岸萧山地区 SE2 孔的粒度资料，分析了粒度参数、频率分布曲线和概率累计曲线的特征，并结合沉积物的岩性、沉积构造和有孔虫的分布特点，探讨了该区自晚第四纪以来的沉积环境演化。葛东升等（2018）以鄂尔多斯盆地临兴地区太原组致密砂岩储层为例，对粒度分析在沉积环境评价中的应用进行探索。袁红旗等（2019）对沉积学粒度分析方法进行了综述，回顾了粒度分析的历史，总结了常用的粒径类型，介绍了粒度标准和目前沉积学中常用的 5 种粒度分析方法，并对其中的沉降法、场干扰分析法、图像法作了详细的分类说明。前人利用粒度分析主要开展沉积环境分析以及地层划分与对比等工作，获得了丰富的研究成果，但研究主要集中在河流相和三角洲相，而对于冲积扇研究甚少。本次研究借鉴前人的经验，充分挖掘粒度分析资料中的沉积学信息，以准噶尔盆地西北缘某区下克拉玛依组冲积扇沉积储层为例，利用粒度分析资料对目的层沉积环境进行判别和分析，同时用沉积构造和测井相等研究方法进行了佐证。

一、利用粒度分析方法研究砾岩储层沉积成因环境的基础

准噶尔盆地西北缘克拉玛依油田，西邻扎依尔山，呈北东—南西条带状分布，长约50 km，宽约 10 km，属单斜构造，自西北向东南呈阶梯状下降（图 3-1）。研究区断裂发育，根据断裂切割情况分为 9 个区和若干个开发断块。研究区西南以七区和克—乌断裂为界，东与九区相邻，白碱滩断裂将其分为 2 个区块。研究区自下而上发育石炭系、三叠系、侏罗系、白垩系等。三叠系包括百口泉组、下克拉玛依组、上克拉玛依组和白碱滩组 4 个组，其中下克拉玛依组和上克拉玛依组为主要含油层系。下克拉玛依组 S63、S71、S721、S722、S723、S731、S732、S733 和 S74 等 9 个单层为本次研究的目的层。下克拉玛依组埋藏深度为 350～850 m，地层厚度为 50～70 m。研究区共有油水井 1085 口，平均井距约 110 m（郑占等，2010）。克拉玛依三叠系为一套巨厚的灰绿色—棕红色砾岩，厚300～2500m；下三叠统仅见于油田东部，几乎全为砾岩和砾状砂岩，厚 130～200m；中三叠统分布广泛，下部为厚层砾岩—砂岩、砾岩和泥岩互层到细粉砂岩—泥岩的正旋回沉积；上部为一套砂砾岩和泥岩交替沉积，共厚 50～450m（姜在兴，2003）。

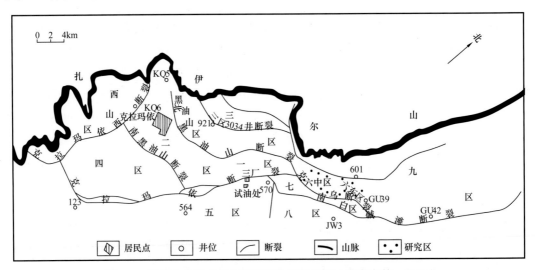

图 3-1　准噶尔盆地克拉玛依油田构造位置图（据郑占等，2010）

二、砾岩储层粒度基本特征

1. 岩心观察粒度特征

首先利用岩心观察和粒度分析岩性解释成果判断岩性特征，为沉积相的确定提供支撑，在此基础上再根据不同沉积微相与岩性的对应关系，进行沉积微相研究。关键井岩心观察和粒度分析（筛析法）结果表明，目的层以中砂岩、砂质砾岩及细砾岩为主，局

部发育细砂岩和泥岩等（图3-2），粒径多大于2mm，粒度整体较粗；而且颗粒磨圆度差，多呈次棱角状、次圆状等；沉积物多呈砂、砾、泥混杂，分选较差。目的层自下而上，整体上沉积物粒度逐渐变细，大体可以划分为3套地层：（1）单层S74，以砂砾岩为主体，发育中砾岩和细砾岩条带的储层，该套储层对应槽流带和片流带，微相多为槽流砾石体、槽滩砂砾体和片流砾石体；（2）单层S733—S723，以砂岩为主体，发育砂砾岩和细砾岩条带的储层，该套储层对应辫流带，微相多为辫流水道和辫流砂砾坝；（3）单层S722—S63，以泥岩为主体，发育砂岩和砂砾岩条带的地层，该套储层也大体对应辫流带，微相多为辫流水道和辫流砂砾坝。通过上述不同岩性与沉积微相之间的对应关系，结合沉积构造和测井相等信息就可以将沉积环境细分至微相级别，实现沉积环境的精细研究目标。

图3-2　准噶尔盆地西北缘下克拉玛依组储层岩心观察粒度特征

（a）J1井，深棕褐色中砾岩，398.61～398.80m；（b）J7井，浅棕褐色含中砾砂质砾岩，421.44～421.60m；（c）J1井，正粒序，浅棕褐色含中砾砂质砾岩，402.51～402.80m；（d）J7井，浅灰褐色细砂岩，434.64～434.80m；（e）J7井，浅灰色泥岩—棕褐色细砂岩，地层突变接触，417.04～417.15m；（f）J1井，浅灰绿色粉砂质泥岩，397.66～397.79m

2. 粒度直方图

直方图可以直观地表现出样品的粒度变化和各粒级碎屑的百分含量分布。目的层砾岩储层总体上粒度分布范围较宽，峰所在粒级的质量百分比并不高，说明整体上储层岩石分选不好（图3-3a—d），这也符合冲积扇砾岩储层分选性差的基本特征，从一定程度上对冲积扇沉积类型的确定提供了佐证。

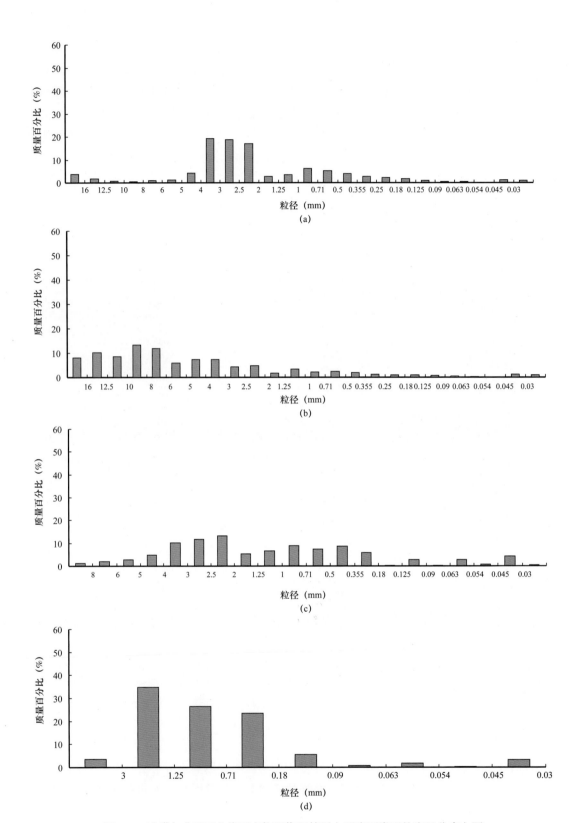

图 3-3　准噶尔盆地西北缘下克拉玛依组储层主要岩石类型粒度组分直方图

（a）J3 井，砂质细砾岩粒度组分直方图，406.20m；（b）J3 井，含砂中砾岩粒度组分直方图，422.40m；（c）J55 井，砂砾岩粒度组分直方图，396.24m；（d）J56 井，砾质不等粒砂岩粒度组分直方图，404.44m

三、粒度分析在区分沉积环境中的应用

沉积岩的粒度是受搬运介质、搬运方式及沉积环境等因素控制的，反过来这些成因特点必然会在沉积岩的粒度性质中得到反映，这正是应用粒度资料确定沉积环境的依据（朱筱敏，2008）。

1. 概率累计曲线特征

应用粒度概率值累计曲线图建立沉积环境的典型模式，这一研究成果是维谢尔提出的（W.E.Galloway 等，1983；朱筱敏，2008）。本次研究中选取了准噶尔盆地西北缘下克拉玛依组砾岩储层典型岩石类型粒度分析资料，绘制了粒度概率累计曲线（图 3-4）。从中可以看到，整体上，由于砾岩储层岩石粒度以粗粒为主，因此这些岩石类型都是以较粗粒的滚动搬运组分和跳跃搬运组分为主，而细粒的悬浮搬运组分很少，这充分体现了冲积扇砾岩储层以粗粒沉积为主的特征，为沉积环境的判断提供了证据。由于上述这些岩石类型的分选较差，因此图 3-4 中曲线的斜率都较缓。由于砂质细砾岩和砂砾岩等岩石类型主要发育于冲积扇中的辫流带等沉积环境中，受水流冲刷回流作用，跳跃组分总体可以发育为两个跳跃粒度次总体，表现为两个相交的线段，两者在中值和分选上略有差别（图 3-4）。需要特别指出的是，图 3-4 中这些样品的粒度都属于粗粒，但并不是砾岩当中粒度中等或粗粒的，这是受样品分析方法的影响所致，因为本次样品分析主要采用的是筛析法，过大的砾石颗粒无法进行实验操作，因此未在结果中表现出来。

2. C—M 图解

C—M 图是应用每个样品的 C 值和 M 值绘成的图形，C 值是概率累计曲线上 1% 处对应的粒径，C 值与样品中最粗颗粒的粒径相当，代表了水动力搅动开始搬运沉积物的最大能量；M 值是中值粒径，代表了水动力的平均能量。本书选取了研究区下克拉玛依组 S7 油层组 4 口井 133 组样品的 C 值和 M 值绘制了 C—M 图件（图 3-5）。从图 3-5 中可以看出，研究区目的层主要为牵引流沉积，图形只有较短的一段与 C=M 基线平行。由于图 3-5 中样品主要为砂质砾岩和砂砾岩，因此以粗粒为主，表现为 OP 段和 NO 段，基本为滚动搬运颗粒，主要为冲积扇上槽流、辫流水道和辫流砂砾坝沉积。

3. 结构参数散点图解

梅森和福克经研究认为，不同沉积环境具有不同的粒度参数，而且证明偏度和峰度的散点图在区分海滩、海岸沙丘和风坪等环境是很有效的。费里德曼研究了取自世界各地有代表性的砂样，他用矩法标准偏差和矩法偏度所做的散点图，能明显地将河砂、海滩砂、湖滩砂区别开来（朱筱敏等，2008）。本次研究利用 4 口井 180 块样品，绘制了目的层偏度与标准偏差结构参数散点图（图 3-6）。从图 3-6 中可以看到，研究区目的层冲积扇砾岩储层多为正偏度，并且分选差，充分反映了目的层冲积扇上以暂时性水流形成的牵引流为主的沉积环境特点，表现为扇根主水道、向扇缘逐渐放射性散开的辫流水道等。同时，由于目的层冲积扇自下而上属于湿润扇向干旱扇的逐渐过渡，扇体沉积整体上表现为向上

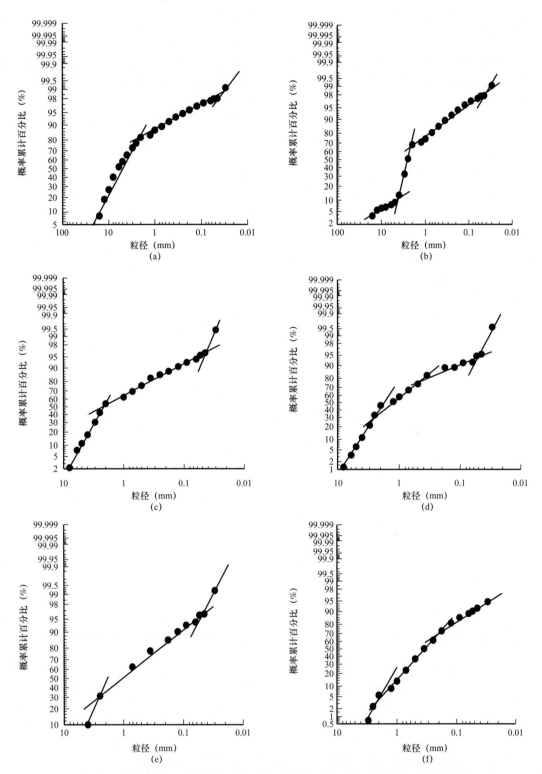

图 3-4　准噶尔盆地西北缘下克拉玛依组储层主要岩石类型粒度概率累计曲线

（a）J3 井，含砂中砾岩粒度概率累计曲线，422.40m；（b）J3 井，砂质细砾岩粒度概率累计曲线，406.20m；（c）J3 井，砂质砾岩粒度概率累计曲线，415.77m；（d）J3 井，砂砾岩粒度概率累计曲线，396.24m；（e）J57 井，砂质不等粒砂岩粒度概率累计曲线，418.18m；（f）J3 井，不等粒砂岩粒度概率累计曲线，387.15m

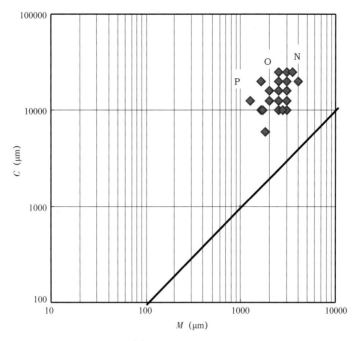

图 3-5　准噶尔盆地西北缘下克拉马伊组冲积扇储层 C—M 图（J1 井砂质砾岩）

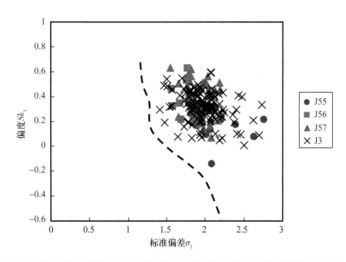

图 3-6　准噶尔盆地西北缘下克拉玛依组储层冲积扇偏度与标准偏差结构参数散点图（4 口井 180 块样品）

逐渐变细的退积型正旋回，在目的层的中上部，从单层 S723 至单层 S63，这种牵引流的沉积特征表现得尤为明显。虽然研究区目的层为牵引流为主的沉积，但与一般河流相牵引流沉积不同，粒度概率累计曲线上以滚动和跳跃组分为主，而一般牵引流中占主体的悬浮组分较少，这主要是受距离物源较近、物源供给以粗碎屑为主的影响。上述沉积环境特征对储层性质影响作用明显，随着沉积环境自下而上的不断变化，沉积物粒度逐渐变小，对应的沉积环境从扇根内带到扇根外带，再到扇中亚相，最后变化至扇缘亚相。储层性质也是从下而上逐渐变差，目前扇根内带和扇根外带为主力开发层位，而扇中为下一步开发接替层位。

通过上述粒度资料的分析，研究区目的层属于典型的冲积扇砾岩储层，储层整体粒度较粗，以中砂岩、砂质砾岩及细砾岩为主，分选差。需要特别指出的是，粒度分析可以提供沉积环境方面，特别是水动力方面的资料，但受沉积环境成因的复杂性影响，粒度分析方法并不一定能得到理想的结果。总的来说，不同的沉积环境具有不同的水动力条件，但是类似的水动力条件可以出现在不同环境的次级环境中，加上物源供应、构造条件等各种因素上的差别，情况常常十分复杂。因此，只有将粒度分析与其他相关资料和研究手段紧密结合，相互印证和补充，才能得出客观真实的结论。为此，本次研究在沉积环境分析时还用到了沉积构造分析、测井相研究等手段，对粒度分析确定沉积环境进行验证和有效补充完善。岩心沉积构造分析中，片流砾石体中可见粒序层理、似平行层理，辫流水道中可见交错层理和冲刷面等（图3-7）。测井相分析中，槽流砾石体和片流砾石体表现为漏斗状或者倒梯形特征，辫流水道表现为钟形或者箱形的正粒序特点，而漫流细粒等在电测曲线上多表现为低平的特点（表3-1）。

图3-7　准噶尔盆地西北缘下克拉玛依组岩心层理特征

（a）J1井，粒序层理，灰黑色粗砾岩，片流砾石体，419.24～419.40m；（b）J7井，平行层理，棕褐色含砾粗砂岩，片流砾石体，426.1～426.4m；（c）J1井，冲刷面，棕褐色砂质细砾岩—浅灰绿色含砾泥质砂岩，409.11～409.24m；（d）J1井，板状交错层理，浅灰绿色中细砂岩—浅灰绿色泥质粉砂岩406.51～406.72m

表 3-1　冲积扇砾岩储层构型单元分类特征

亚相	4级构型	岩性	自然电位	电阻率
扇根内带	槽流砾石体	粗砾岩，中砾岩，含砾砂砾岩	高值，漏斗形、倒梯形	高值，漏斗形、倒梯形
	槽滩砂砾体	中砾岩，砂砾岩	中—高值，漏斗形、倒梯形	中—高值，漏斗形、倒梯形
	漫洪内砂体	含砾砂岩，粗砂岩	低—中值，漏斗形、倒梯形	低—中值，漏斗形、倒梯形
	漫洪内细粒	粉砂岩，泥质粉砂岩，含砾泥岩	低值，平直	低值，平直
扇根外带	片流砾石体	中砾岩，含中砾细砾岩，含泥砂砾岩	高值，以漏斗形、倒梯形为主	高值，以漏斗形、倒梯形为主
	漫洪外砂体	含砾砂岩，中—细砂岩	低—中值，漏斗形、倒梯形	低—中值，漏斗形、倒梯形
	漫洪外细粒	粉砂岩，泥质粉砂岩，含砾泥岩	低值，平直	低值，平直
扇中	辫流水道	砂质砾岩，含砾砂岩，粗砂岩，中砂岩	中—高值，钟形、箱形	中—高值，钟形、箱形
	辫流砂砾坝	细砾岩，砂质砾岩，含砾砂岩	中—高值，漏斗形、倒梯形	中—高值，漏斗形、倒梯形
	漫流砂体	含砾砂岩，细砂岩	低—中值，钟形、箱形	中—高值，指状
	漫流细粒	含砾粉砂质，含砾泥岩	低值，平直	低值，平直或微齿状
扇缘	径流水道	细砂岩，粉砂岩	低—中值，钟形、箱形	中—高值，指状
	水道间细粒	粉砂质泥岩，泥岩	低值，平直	低值，平直或微齿状

第二节　从沉积学角度分析储层地质成因

　　扇三角洲作为一种典型的过渡相类型，在众多的沉积盆地中都可以见到，而且含油气丰富，因此一直是研究者十分重要的工作目标之一（Galloway 等，1983；梅志超，1994）。从定义上看，扇三角洲是由邻近高地推进到海、湖等稳定水体中的冲积扇（Holmes，1965；姜在兴等，2003）。许多研究者都对其进行过分析（陈程等，2006；王勇和钟建华，2010；林煜等，2013；于兴河等，2014；唐勇等，2014；杨田等，2015；朱筱敏等，2015；张昌民等，2015；宋璠等，2015）。陈程等（2006）利用双河油田密井网数据建立了扇三角洲前缘原型骨架模型。王勇和钟建华（2010）通过对柴达木盆地西部阿尔金南缘中侏罗统大煤沟组、潮水盆地红柳沟下白垩统庙沟群以及滦平盆地桑园营子侏罗系扇三角洲露头的实地考察，对扇三角洲的沉积特征进行了详细分析。林煜等（2013）以辽河油田曙2-6-6区块杜家台油层为例，对扇三角洲前缘储层构型进行了精细解剖，分析了不同构型单元的规模特征，并建立了三维构型模型。于兴河等（2014）对玛湖凹陷百口泉组扇三角洲砾岩岩相及成因模式进行了研究，唐勇等（2014）对玛湖凹陷百口泉组扇三角洲群特征及分布进行了分析，将目的层总结为平缓斜坡背景下的浅水扇三角洲沉积，发育重力流、牵引流双重流体机制下形成的岩相类型。杨田等（2015）以渤南洼陷沙四下亚段为例，分析了扇三角洲前缘优质储层成因。朱筱敏等（2015）以济阳坳陷沾化凹陷陡坡带始新统沙三段为例，对扇三角洲储层成岩作用与有利储层成因进行了研究，结果表明，成岩作用对储层性质起改善作用，次生孔隙发育深度段发育有利储层，油气富集。张昌民等（2015）在对扇三角洲沉积学研究文献广泛调研的基础上，从扇三角洲沉积体系分类、岩石相类型和沉积层序特征、沉积模式、研究方法共4个方面介绍了扇三角洲沉积学研究的进展。宋璠等（2015）以辽河盆地欢喜岭油田锦99区块杜家台油层为例，对扇三角洲前缘储层构型界面进行了划分识别，为储层精细的沉积微相研究提供依据。前人对于扇三角洲的研究主要集中在利用测井、露头和岩心等资料建立沉积相模型、划分沉积微相类型以及进行储层沉积成因分析等方面，而通过对扇三角洲储层沉积学分析，深刻认识储层在空间上的发育规律，为稠油蒸汽驱热采开发提供地质依据的研究甚少。由于沉积微相与储层有效开发关系密切（陈欢庆等，2008），本次研究尝试基于7口取心井岩心、镜下薄片和分析测试资料，400口井测井资料以及工区地震资料，通过对扇三角洲前缘沉积特征的综合分析，认识储层沉积微相发育规律，为稠油热采储层吞吐转蒸汽驱开发方式的转换提供地质依据。

一、沉积学角度分析储层地质成因的基础

研究区构造上位于辽河盆地西部凹陷西斜坡南端，形态为东南倾向单斜构造（图3-8）（李明刚等，2010；陈欢庆等，2015），该区块开发目的层为于楼油层和兴隆台油层，本次研究目的层为古近系沙河街组一段于楼油层。于楼油层构造形态为东南倾向单斜构造，地层倾角2°～10°，储层为扇三角洲前缘亚相碎屑岩沉积体，岩性主要为厚层不等粒砂岩、中—细砂岩。研究区储层高孔高渗，平均孔隙度为31.25%，平均渗透率为1829.3mD。物源主要来自北西向和正北方向。目的层沉积微相包括水下分流河道、河口沙坝、前缘席状砂、水下分流河道间砂和水下分流河道间泥5种，其中储层以水下分流河道、河口沙坝和水下分流河道间砂为主。研究区大体经历了4个开发阶段，分别是蒸汽吞吐试验阶段、全面蒸汽吞吐阶段、加密调整综合治理阶段和蒸汽吞吐中后期蒸汽驱试验阶段。目前研究区于楼油层纵向采用两套层系开发，东北部已进行蒸汽驱，效果较好；而区块其余区域蒸汽吞吐已进入中后期，生产效果越来越差，吞吐方式即将废弃，亟待转换开发方式。油藏类型均为中厚层状边底水稠油油藏，yI层50℃地面脱气原油黏度为11577mPa·s。由于水下分流河道频繁摆动，使得不同期次河道砂体和河道间砂体纵向上相互叠置，平面上条带状间互组合，导致储层非均质性强烈，制约该区块蒸汽驱进一步扩大实施。面对这一难题，本书拟通过系统的沉积学分析，深刻认识储层发育规律，为油藏有效开发提供参考。本书将研究区于楼油层划分为29个单层，即yI_1^{1a}、yI_1^{1b}、yI_1^{2a}、yI_1^{2b}、yI_1^{2c}、yI_2^{3a}、yI_2^{3b}、yI_2^{3c}、yI_2^{4a}、yI_2^{4b}、yI_2^{4c}、yI_3^{5a}、yI_3^{5b}、yI_3^{5c}、yI_3^{6a}、yI_3^{6b}、yI_3^{6c}、yII_1^{1a}、yII_1^{1b}、yII_1^{2a}、yII_1^{2b}、yII_2^{3a}、yII_2^{3b}、yII_2^{4a}、yII_2^{4b}、yII_3^{5a}、yII_3^{5b}、yII_3^{6a}、yII_3^{6b}等，对应29个短期基准面旋回（图3-9；陈欢庆等，2014）。单层级别等时地层格架的建立，使得

后续的沉积微相研究在单砂体级别上进行，研究的精细程度大大提高，适应了油田开发生产实践的需要，这也是本次工作与以往常规的沉积微相研究最大的区别之一。

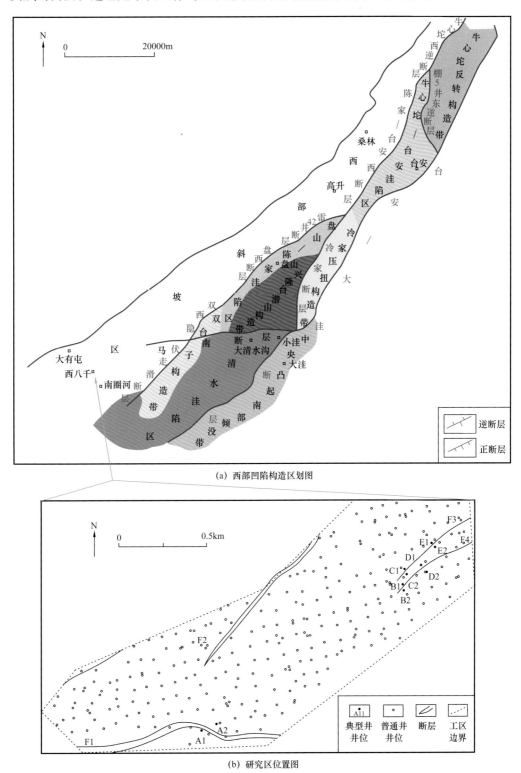

(a) 西部凹陷构造区划图

(b) 研究区位置图

图 3-8　辽河盆地西部凹陷构造划分与研究区位置图（据李明刚等，2010；陈欢庆等，2015）

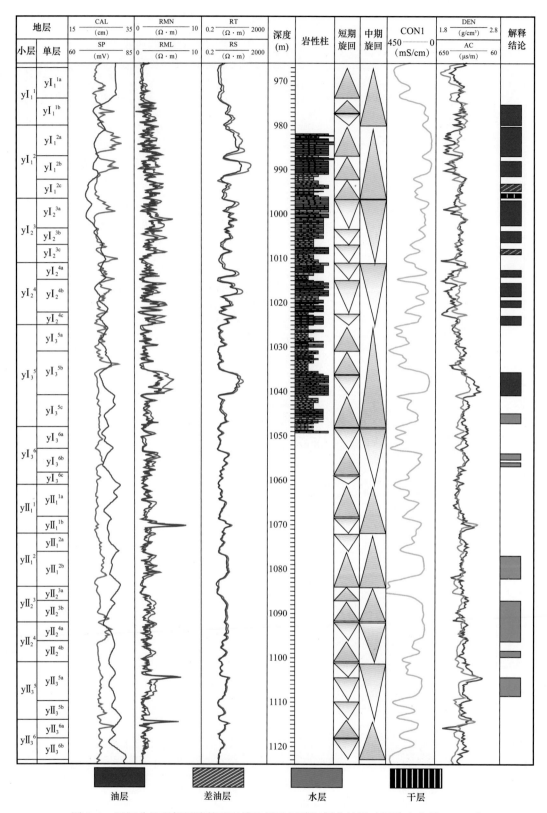

图 3-9 辽河盆地西部凹陷某区于楼油层地层精细划分结果（据陈欢庆等，2014）

二、扇三角洲前缘沉积特征

要进行储层沉积特征的研究，首先要确定研究区于楼油层的沉积相类型。工作中从岩性、层理发育特征、泥岩颜色、古生物化石特征以及沉积物粒度特征等多方面分析，最终确定沉积相类型。

1. 岩性特征

通过对 7 口取心井 668m 岩心的详细观察和描述（图 3-10a—d），同时结合 233 块粒度分析样品研究表明，研究区目的层岩石类型丰富多样，包括细砾岩、砂砾岩、粗砂岩、中砂岩、细砂岩、粉砂岩、泥质粉砂岩、粉砂质泥岩和泥岩等多种类型；颜色以灰色、灰黑色、灰绿色等为主；多砂砾混杂，泥质含量高；整体上，以中、细砂岩为主，沉积物粒度较粗。

2. 层理特征

受沉积物供给、沉积环境和水动力条件等影响和控制，研究区目的层层理类型丰富，指示水动力条件不断变化，主要包括槽状交错层理、板状交错层理、波状层理、脉状层理、平行层理及水平层理等扇三角洲前缘沉积特征的层理构造（图 3-10e、f）。上述层理的存在，进一步加剧了储层非均质性，这一点在岩心上有很直观的反映（图 3-10a、e）。层理界面碳质泥岩的存在，对储层在空间上的连通性具有较大的影响。

3. 沉积物结构特征

由于离物源区较近，流程短，沉积物砂砾混杂，整体粒度较粗，泥质含量高，分选性和磨圆度较差，矿物成分成熟度也较低（图 3-11）。

4. 泥岩颜色

目的层泥岩颜色多变，有灰黑色、灰色和灰绿色等，反映主要沉积环境为还原环境，多为水下沉积（图 3-10d、g）。

5. 古生物特征

在泥岩、粉砂岩中可以看到丰富的头足类化石（螺类）（图 3-10h），主要反映扇三角洲前缘沉积特征。

6. 沉积物粒度特征

研究区目的层于楼油层粒度概率曲线多为二段式和三段式（图 3-12），沉积物存在滚动、跳跃、悬浮 3 种搬运方式，反映了扇三角洲水下分流河道这种复合成因的沉积环境。

通过上述 5 个方面特征综合分析，结合前人对研究区的相关工作（于兴河等，1999；孙素青，2001；鲍志东等，2009），确定研究区目的层属于扇三角洲前缘沉积，沉积物中储层岩性以中细砂岩为主，泥岩颜色反映沉积环境为还原环境，储层中多为水下分流河道沉积，水下分流河道间砂次之。

图 3-10 辽河盆地西部凹陷某区于楼油层沉积相标志岩心特征照片

（a）J22-10，944.73～944.78m，灰褐色细砾岩；（b）J2，945.39～945.53m，灰褐色细砂岩；（c）J2，948～948.1m，粉砂岩；（d）J10-22，1040.8～1041m，泥岩；（e）A91，1037.18～1037.28m，灰黑色粉砂岩，槽状交错层理；（f）A10井，931.44～931.64 m，泥质粉砂岩，板状交错层理；（g）灰黑色泥岩，水平层理，J23-261，999.32～999.36m；（h）J2，泥质粉砂岩，头足类化石（螺类），979～979.15m

图 3-11　辽河盆地西部凹陷某区于楼油层沉积物成分和结构特征

（a）J22-10，1029.5～1029.6m，灰色含中砾细砾岩；（b）J22-10，1029.9～1030m，灰色含中砾细砾岩；（c）A261，
1027～1027.1m，灰色细砾岩；（d）J2，947.05～947.15m，灰褐色砂砾岩

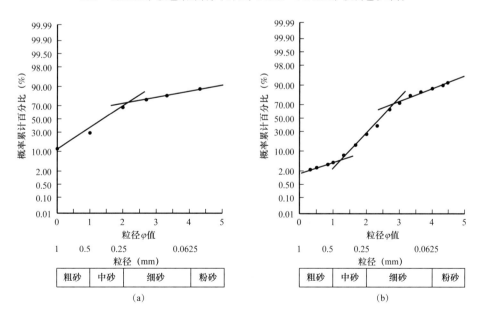

图 3-12　辽河盆地西部凹陷某区于楼油层粒度概率累计曲线特征

（a）J10-22，983.35m，含砾不等粒砂岩；（b）J22-10，942.4m，细砂岩

三、沉积微相分类

综合取心井岩心观察描述、非取心井测井曲线资料分析和钻井分析测试资料统计分析，从岩石类型、沉积成因、沉积构造和测井相等方面总结规律，将研究区目的层扇三角洲前缘亚相细分为水下分流河道、河口沙坝、前缘席状砂、水下分流河道间砂和水下分流河道间泥等5种沉积微相（表3-2），并总结了不同沉积微相类型的识别标志。

表3-2　辽河盆地西部凹陷某区于楼油层沉积微相分类表

亚相	沉积微相	岩石类型	沉积成因	沉积构造	测井相	测井曲线形态	
						自然电位	电阻率
扇三角洲前缘	水下分流河道	中砾岩、细砾岩、含砾砂岩、粗砂岩、中砂岩、细砂岩	垂向加积、顺流加积、侧向加积、填积	平行层理、板状交错层理、槽状交错层理、粒序层理、块状层理、冲刷面	箱形、钟形		
	河口沙坝	含砾砂岩、粗砂岩、中砂岩、细砂岩	垂向加积、顺流加积、侧向加积	平行层理、板状交错层理、槽状交错层理	漏斗形		
	前缘席状砂	中砂岩、细砂岩、粉砂岩	选积	沙纹交错层理、脉状层理、波状层理、透镜状层理、平行层理	指状或尖峰状		
	水下分流河道间砂	细砂岩、粉砂岩、泥质粉砂岩	侧向加积、漫积	沙纹交错层理、脉状层理、波状层理、透镜状层理	曲线低平或微幅度、指状或尖峰状		
	水下分流河道间泥	粉砂质泥岩、泥岩	漫积	水平层理	曲线平直		

1.水下分流河道

水下分流河道具向上变细的正旋回，岩性以粗粒为主，从灰色细砾岩到深棕色、灰褐色、灰色含砾粗—中砂岩再到浅棕色、灰绿色、灰白色细、粉砂岩，分选中等，磨圆中等；发育交错层理、平行层理等多种层理类型，底部可见冲刷面和河道滞留沉积等特征的沉积构造（图3-13），砾石顺层排列，以泥砾为主，砂砾较少见。测井曲线呈顶底突变的箱形及钟形，RT>7Ω·m（图3-14）。该微相为研究区目的层最主要的微相类型，构成了储层的主体。

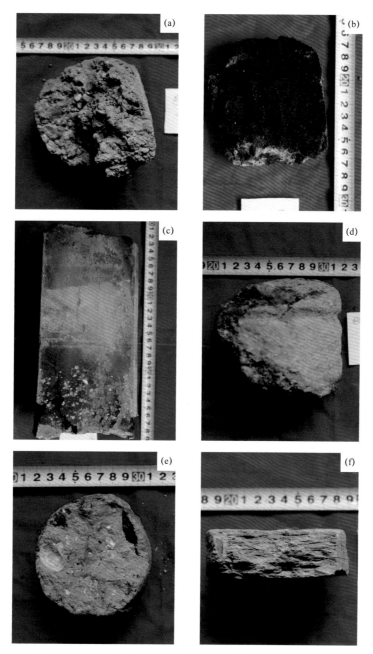

图 3-13　辽河盆地西部凹陷某区于楼油层沉积微相岩心特征

（a）灰色细砾岩，A261 井，1027～1027.1m；（b）灰黑色细砂岩，A91 井，1037.18～1037.28m；（c）含砾细砂岩，J2 井，滞留沉积，987.11～987.36m；（d）细砾岩和泥岩，冲刷面，1019.2～1019.3m；（e）灰色泥质粉砂岩，贝类化石，J2 井，991～991.1m；（f）灰绿色泥岩，水平层理，A261 井，1017.36～1017.42m

2. 河口沙坝

河口沙坝为由下到上的反韵律，主要由浅棕色、灰色粉砂、细砂岩、中砂岩组成，分选、磨圆较好；发育中小型交错层理、平行层理、波状交错层理、透镜状层理，粉砂质泥岩中可见变形层理、扰动构造等。自然电位曲线呈漏斗形，电阻率曲线为齿化漏斗形或高幅值多峰指状曲线，RT＞5Ω·m。由于水下分流河道的频繁分流和改道，沉积过程中河口沙坝很难保存，因此该微相类型在研究区目的层较少见（图 3-14）。

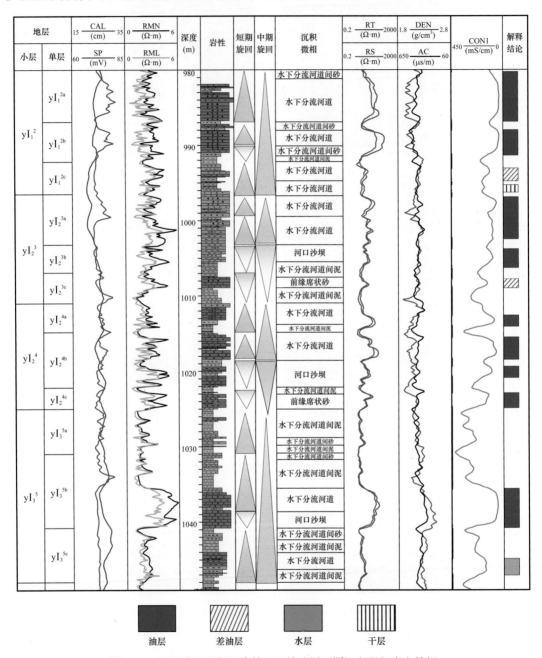

图 3-14　辽河盆地西部凹陷某区于楼油层不同沉积微相岩电特征

3. 水下分流河道间砂

水下分流河道间砂位于水下分流河道之间，局部与湖水相通，主要由灰绿色粉砂岩、泥质粉砂岩构成，含少量的细砂；发育平行层理、波状层理、压扁层理等。自然电位曲线表现为低平的负偏，电阻率曲线特征多变，多为低平曲线，也可见齿状曲线、指状曲线及尖峰状曲线,RT>3.5Ω·m(图3-14)。水下分流河道间砂主要发育于水下分流河道的侧翼,一般纵向厚度较薄,砂体规模小,储层物性差;但是由于该类型砂体在研究区目的层发育程度较高,因此也是一种十分重要的储层成因类型。

4. 水下分流河道间泥

水下分流河道间泥位于水下分流河道之间,与湖水相通,主要由灰绿色泥岩、粉砂质泥岩构成,含少量的粉细砂;发育水平层理、波状层理、透镜状层理、包卷层理,生物扰动程度较高。在局部可以看到自然电位曲线表现为平行于泥岩基线的平直段,电阻率曲线特征多变,多为低平曲线,也可见齿状曲线、指状曲线及尖峰状曲线。该微相在研究区目的层局部较发育,构成了非储层的主体,在储层开发过程中主要以隔夹层的形式出现(图3-14)。

5. 前缘席状砂

前缘席状砂为由下到上的反韵律,主要由砂岩、粉砂岩组成,可见泥质岩、细砂岩和粉砂岩与泥岩互层,分选、磨圆较好,成熟度高。砂质岩中可见波纹交错层理,泥质岩中可见波纹层理、水平层理及生物扰动层理。自然电位和电阻率曲线呈指状或尖峰状,RT>1.8Ω·m。微电极曲线呈低幅值漏斗形或锯齿状(图3-13)。前缘席状砂主要位于扇三角洲前缘的最前端,受研究区面积较小等因素限制,前缘席状砂在研究区目的层很少见,在部分单层靠近研究区南东方向边缘处可以看到。

四、沉积微相特征

1. 沉积微相剖面特征

为了分析不同沉积微相类型在空间上的分布特征,本次绘制了多条剖面,主要研究不同沉积微相类型在平行物源方向和垂直物源方向上的分布规律(图3-15)。整体上,储层以水下分流河道、水下分流河道间砂为主,河口沙坝、前缘席状砂较少。河口沙坝较少的主要原因是水下分流河道分流改道频繁。水下分流河道间砂分布于河道侧翼,不同水道间为泥岩和粉砂质泥岩等细粒沉积分隔,自下部的单层yII$_3^{6b}$至上部的单层yI$_1^{1a}$,目的层表现为多个水进水退的沉积旋回,于楼油层整体上为向上逐渐变粗的反旋回特征。水下分流河道在侧向上相互切叠,局部河道砂体连片分布。平行于物源方向,砂体连通性好。yI油组大体可以分为3套地层,yI油组上部和下部,砂体的规模明显大于yI油组中部,但数量少于后者。垂直于物源方向,砂体连通性明显变差,这主要是水下分流河道频繁分流改道的结果。yI油组河口沙坝和前缘席状砂要明显比yII油组发育,而且砂体的数量更多。总体上,河道宽度为200~300m,长度可达数百米,砂体数量多,规模小,体现典型的扇三角洲前缘沉积特征。水下分流河道间砂呈薄层分布于水下分流河道砂体之间,侧向上不同沉积时期或者同一沉积时期不同的水下分流河道相互叠置和切割,构成了目的层骨架砂体。在这些水道之间或者水道相互切叠的部位,储层性质发生变化,多形成渗流屏障,对蒸汽驱开发措施的实施产生重要的影响。

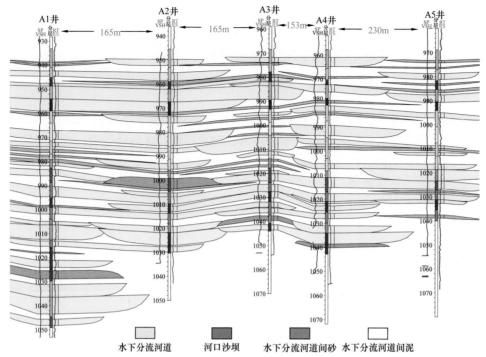

(a) 平行物源方向剖面（北西—南东方向）

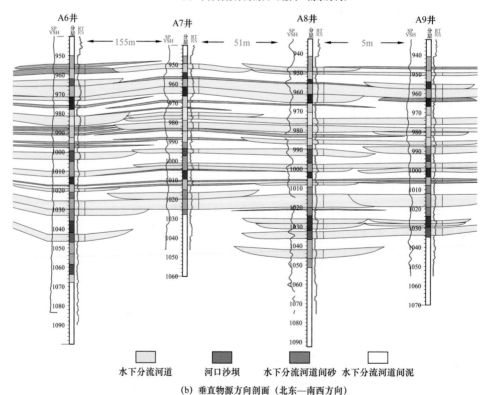

(b) 垂直物源方向剖面（北东—南西方向）

图 3-15　辽河盆地西部凹陷某区于楼油层沉积微相剖面发育特征

（单井柱中分层列中不同颜色代表不同的单层层位）

2.沉积微相平面分布特征

通过单井和剖面沉积微相分布特征分析，结合砂体厚度图等，绘制了 29 个单层的沉积微相平面展布特征图。以单层 yI_1^{1a} 和 yI_1^{1b} 的沉积微相平面图为例（图 3-16），随着物源供给在洪水期和枯水期的变化，扇体上的水道位置不断发生迁移，分布于不同部位的水道形成了扇三角洲前缘骨架砂体，构成了目的层储层的主体，这些砂体为水下分流河道间泥较细粒沉积所分隔。水下分流河道呈北西—南东平行物源方向条带状发育，水下分流河道间砂分布于河道侧翼，呈窄条带状。水下分流河道在侧向上相互切叠，局部河道砂体连片分布。上述规律与沉积微相剖面相一致，反映水下分流河道不断分流改道的特征。

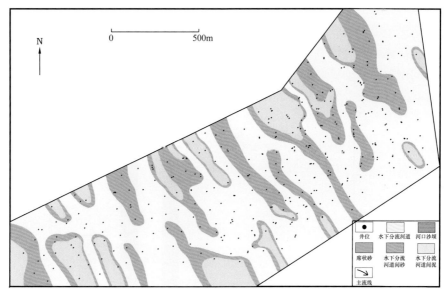

(a) 单层 yI_1^{1a} 沉积微相平面分布图

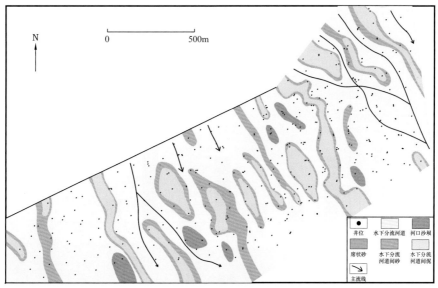

(b) 单层 yI_1^{1b} 沉积微相平面分布图

图 3-16 辽河盆地西部凹陷某区于楼油层沉积微相平面分布图

五、沉积特征对油藏开发的影响

1. 沉积结构对油田开发的影响

储层沉积结构是储层赋存油气的基础，要认识储层沉积特征对油田开发的影响，首先应该认识储层结构特征。目的层属于扇三角洲前缘沉积，沉积物粒度较粗，分选差。但是由于目的层成岩作用较弱，颗粒之间胶结疏松，因此孔隙度和渗透率均较大，整体上含油性较好。取心井物性分析资料统计结果表明（图3-17），研究区于楼油层孔隙度主要分布在25%～40%的范围内，平均孔隙度为31.25%；渗透率变化较大，分布于1～5000mD的范围内，平均渗透率为1829.3mD，研究区目的层属于高孔高渗储层（图3-17）。

在研究区共发育3种类型的韵律结构，分别是正韵律、反韵律和复合韵律，其中以正韵律为主。在蒸汽驱过程中，蒸汽驱前缘的热水受重力作用，在水平移动的同时向下流动，因此反韵律下部较细粒部位的稠油被驱替采出，提高了石油采收率。总体来看，沉积物的韵律性对蒸汽驱热采效果具有十分重要的影响。

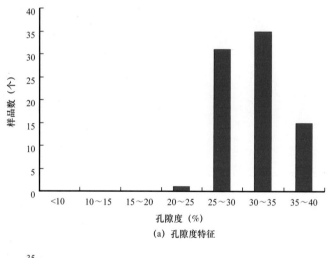

(a) 孔隙度特征

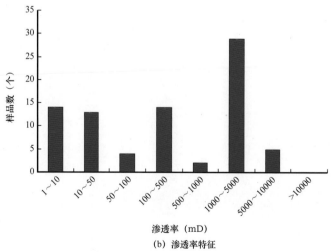

(b) 渗透率特征

图3-17 辽河盆地西部凹陷某区于楼油层储层物性特征

2. 单砂体沉积微相组合模式特征及对油田开发的影响

沉积特征对于稠油热采措施的实施具有十分重要的影响和控制作用。本次研究总结了 29 个单层沉积微相分布特征，可以分为 2 大类 7 小类组合模式（图 3–18）。这 2 大类单砂体沉积微相组合模式分别为侧向组合模式和垂向组合模式，7 小类单砂体沉积微相组合模式分别为水下分流河道砂体与河口沙坝砂体侧向切叠、水下分流河道砂体与水下分流河道砂体侧向切叠、水下分流河道砂体与河道间砂体侧向切叠、水下分流河道砂体与河口沙坝砂体垂向切叠、水下分流河道砂体垂向切叠、水下分流河道砂体与河道间砂体垂向叠置和水下分流河道砂体垂向孤立分布，其中前 3 种属于侧向组合模式，后 4 种属于垂向组合模式。总结上述单砂体组合模式，其中侧向组合模式中水下分流河道砂体与水下分流河道砂体侧向切叠和水下分流河道砂体与河道间砂体侧向切叠最发育，垂向组合模式中水下分流河道砂体垂向切叠和水下分流河道砂体与河道间砂体垂向叠置在目的层上部 17 个单层（yI 油层组）发育，而水下分流河道砂体垂向孤立分布模式在目的层下部 12 个单层（yII 油层组）发育，水下分流河道砂体与河口沙坝砂体垂向切叠模式不发育。

单砂体组合模式对于储层发育特征及油田开发具有十分重要的控制作用（马世忠等，2008；张庆国等，2008），以砂体侧向组合模式为例，水下分流河道砂体与水下分流河道砂体侧向切叠储模式层连通性就要明显好于水下分流河道砂体与河道间砂体侧向切叠模式，因为砂体在平面上展布面积大，纵向上厚度也大，所以在布置注采井时，要尽量使一个注采井组中的注汽井和采油井处于前一种砂体组合模式构成的储层中，以保证注采对应关系达到最好，蒸汽驱效果最好。再以垂向组合模式为例，水下分流河道砂体垂向叠置模式砂体的连通性最好，这时应该将叠置在一起的单砂体整体考虑，就不宜采用分层注汽，因为砂体间隔夹层不发育，容易发生汽窜。而当储层单砂体组合方式属于水下分流河道砂体与河道间砂体垂向叠置时，就可以根据河道间砂体在平面上分布范围的大小以及其垂向上的厚度，考虑是否进行分层注汽，最大限度地挖潜剩余油。但是这种情况下也要充分考虑河道间砂等隔夹层对蒸汽热能的吸收作用，尽量确保稠油热采蒸汽驱开发方式的经济有效性。当砂体间组合模式属于水下分流河道砂体垂向孤立分布模式时，一定要确保注汽井和采油井处于同一套单砂体之上，以获得最佳的注采对应关系和开发效果。以示踪剂资料检测结果来看（图 3–19），图 3–19a 中 K260 是注汽井，27C2 是采油井，两口井之间在单层 yI_1^{1a}、yI_1^{1b} 和 yI_1^{2a} 中砂体组合模式分别是水下分流河道的侧向叠置和水下分流河道，在注汽井中投放示踪剂，三个月的监测期内，在采油井中不到一周就可以检测到示踪剂，说明砂体连通性好。而在图 3–19b 中 K280 是注汽井，K29 井是采油井，两口井之间在单层 yI_2^{3c}、yI_2^{4a} 和 yI_2^{4b} 中砂体的组合模式分别是孤立的砂体、水下分流河道间砂和水下分流河道砂体侧向叠置、河口沙坝与水下分流河道侧向叠置，在注汽井中加入示踪剂，三个月的监测期内，采油井中始终没有检测到示踪剂，表明两口井之间砂体连通性差。这两个实例也进一步证明砂体的组合模式对井间连通性具有十分重要的控制作用。

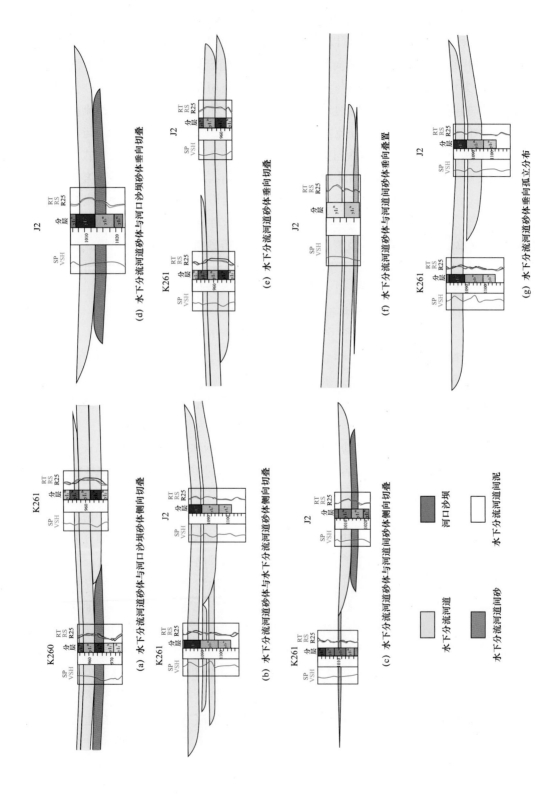

（d）水下分流河道砂体与河口沙坝砂体垂向切叠

（e）水下分流河道砂体垂向叠置

（f）水下分流河道砂与河道间砂体垂向叠置

（g）水下分流河道砂体垂向孤立分布

（a）水下分流河道砂体与河口沙坝砂体侧向切叠

（b）水下分流河道砂体与水下分流河道砂体侧向切叠

（c）水下分流河道砂体与河道间砂体侧向切叠

水下分流河道　　　河口沙坝　　　水下分流河道间泥

水下分流河道间砂

图3-18　辽河盆地西部凹陷某区于楼油层单砂体组合模式特征

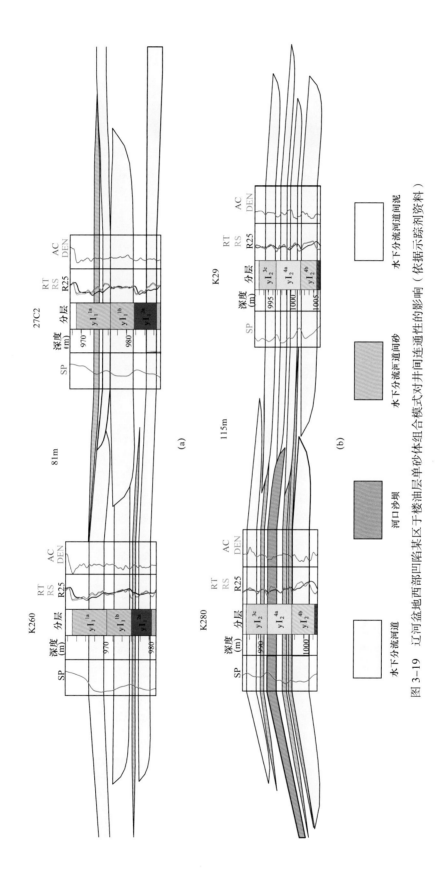

图 3-19　辽河盆地西部凹陷某区于楼油层单砂体组合模式对井间连通性的影响（依据示踪剂资料）

3. 沉积微相特征及对油田开发的影响

本次通过蒸汽驱前缘监测动态数据来分析沉积微相对蒸汽驱热采的影响。选取 Z1 井和 Z2 井 2 个井组（图 1-11），Z1 井和 Z2 井为注汽井，井点为空心圆的井属于井组中蒸汽前缘未监测井，实心圆的井均为蒸汽前缘监测井。通过对 Z1 井和 Z2 井注入的蒸汽前缘的监测，分析注汽井和采油井之间储层的连通关系。需要特别说明的是，研究区储层疏松，成岩作用很弱，所以储层性质主要受沉积微相的控制。以 Z1 井组为例，蒸汽受效优势井为 B1 井、B2 井、B3 井、B4 井和 B8 井，B5 井、B6 井和 B7 井为次蒸汽受效优势井，B9 井、B10 井和 B11 井为蒸汽驱前缘未受效井。分析原因，受效明显的井主要与物源方向平行，说明蒸汽驱前缘受沉积微相控制明显，主要沿主流线方向突进，而 B9 井、B10 井和 B11 井未受效，主要是由于距离注汽井 Z1 井较远，由于水下分流河道分流改道频繁，主河道变化，导致储层连通性变差所致，井组 Z2 也有类似的规律。

上述分析表明，在进行蒸汽驱时，注采井组最好位于同一沉积相带内，且井间不发生沉积相的变化，以保证注采井注采关系对应效果最好。而且当注采井位于同一水下分流河道主流线上时，开发效果最好。对于扇三角洲前缘水下分流河道砂体，注蒸汽时，蒸汽前缘优先沿各分流河道主流线的位置向下游突进，尽管可能几个分流河道砂侧向连接形成一个较大规模的含油砂体，但其侧向上连通性要比同一个河道差，因此应该尽量将一个注采井组部署在同一个分流河道砂体内，保证注采对应效果最好。

第三节　扇三角洲前缘沉积储层隔夹层地质成因分析

油层研究中的"夹层"和"隔层"，都是指与油层相对而言的低（非）渗透性岩层。隔层也称遮挡层或阻渗层，即储层中能阻止或控制流体运动的非渗透层，厚度变化较大，最厚可达几十米，空间延伸距离较远。夹层是指在砂岩层内所分布的相对非渗透层，分布不稳定，一般厚度只有几厘米至几十厘米，空间延伸距离较短（李阳，2007；吴胜和，2010；张金亮等，2011）。储层地质研究的核心问题就是非均质性问题（叶淑君等，2004；覃荣高等，2014），而隔夹层作为非均质性研究的重要组成部分，对于储层有效开发和剩余油挖潜具有十分重要的影响作用，一直是油气田开发研究者关注的热点问题之一（林承焰等，1997；严耀祖和段天向，2008；王改云等，2009；雍自权等，2010；胡望水等，2010；张君劼等，2013，高磊等，2013）。总结前人的研究，研究方法主要包括沉积学、成岩作用、地质统计学、测井地质学、地质建模等多种，研究内容主要涉及隔夹层的成因分析和分类、隔夹层的岩电特征识别、隔夹层对油气田开发的影响等。研究对象既包括河流相、冲积扇、三角洲相等碎屑岩储层，也包括碳酸盐岩储层。整体上以水驱常规采油储层为主，而对于稠油热采储层，特别是隔夹层对于蒸汽吞吐和蒸汽驱等稠油热采方式的影响等方面的研究较少。针对扇三角洲前缘沉积储层近源流短、砂体数量多、规模小，水下分流河道分流改道频繁（Galloway 等，1983；梅志超，1994；姜在兴，2003；朱筱敏，2008），隔夹层发育等特点，综合地质、测井、岩心、地震、分析测试等多种资料，开展针对稠油热采储层隔夹层研究工作，以期为蒸汽驱热采方式转换和提高石油采收率提供地质依据。工区和研究层位基本地质概况在本书第三章第二节中有详细介绍，在此不再赘述。

一、隔夹层成因分类及识别特征

综合地质、测井、岩心和分析测试等资料，通过地质背景资料研究、测井曲线的对比分析、岩心详细描述和分析测试资料认真观察和统计分析，从成因角度将研究区目的层隔夹层划分为 3 大类，分别是沉积成因、成岩作用和复合成因的隔夹层（表 3-3，图 3-20）。沉积作用形成的隔夹层主要受沉积作用控制，多为湖泛期泥岩、水下分流河道间泥等沉积成因，岩性主要为粉砂岩、泥质粉砂岩、粉砂质泥岩以及泥岩等细粒沉积物。该类隔夹层又可细分为 2 种，一种是在湖泛期间的枯水期形成一层泥质层，一般厚度较大，常表现为隔层（陈欢庆等，2015），在地震剖面上表现为连续分布的强反射，对应于楼油层的顶底和 yI 油组与 yII 油组之间的分界线；另一种是沉积过程中由于水下分流河道的分流和改道，水动力条件发生变化，在砂质纹层间形成泥质夹层，一般厚度较薄，多表现为夹层（陈欢庆等，2015），该类型沉积成因的夹层无法利用地震资料识别，只能依靠井资料。沉积成因的隔夹层在测井曲线上主要表现为自然电位曲线低平、井径扩径和电阻率曲线的低值（图 3-21），该类隔夹层在 yI 和 yII 油组都很发育，而且在纵向上厚度多较大。成岩作用形成的隔夹层也有 2 种情况，一种是大气酸性水影响，形成钙质夹层，这种类型隔夹层的形成和分布与断层有关，大气水很有可能顺断层渗流，研究区在断层附近可以看到钙质夹层。第二种是受地层水的影响，研究区地层水类型都是 $NaHCO_3$，地层水性质的演化和水岩作用以及断层活动均可以产生酸性水，形成钙质夹层。该类钙质夹层在测井曲线上表现为明显的高值钙尖（图 3-22；陈欢庆等，2015），厚度多为 1m 左右，该类隔夹层的分布

图 3-20　辽河盆地西部凹陷某区于楼油层隔夹层发育岩心特征

（a）W1 井，999.32～999.36 m，灰黑色泥岩；（b）W2 井，1040.8～1041m，灰绿色泥岩；（c）W3，碳酸盐岩矿物，965.72m，砂岩，6000×；（d）W4 井，1033.84～1033.94m，中砂岩，硅质胶结；（e）W5 井，1041.12～1041.16m，灰色泥岩，炭化植物碎屑；（f）W4 井，1003～1003.1 m，粉砂质泥岩，头足类化石（螺类）

层位主要在yⅡ油组，yⅠ油组很少见到（陈欢庆等，2015）。复合成因的隔夹层主要受沉积和成岩2种作用共同影响而形成，该类隔夹层也主要有两种：一种是碎屑岩中的植物碎屑发生炭化，形成细粒物质甚至煤线，存在于砂岩或粉砂岩的层理界面或者泥岩中，一般厚度较薄，毫米级至厘米级；另一种是含丰富螺类等化石的地层在成岩过程中，化石壳中的钙质由于交代作用进入碎屑岩中，使得碎屑岩发生钙质胶结，一般厚度较大，从厘米级至分米级。复合成因的隔夹层在取心井岩心观察中可见，但由于厚度多不足1m，在测井曲线上很难体现（图3-23），在地层中多表现为薄夹层。实践中，对于规模较大的隔夹层，主要采用地震同相轴的追踪以及井上大套泥岩段的识别，对于其余规模次一级或者更小的隔夹层，主要参考测井精细解释的成果来扣除隔夹层。

表3-3 辽河盆地西部凹陷于楼油层隔夹层成因分类特征表

成因分类		识别资料	纵向规模	丰富程度
沉积作用	水下分流河道分流改道，水动力条件变化	岩心、测井	厘米级至米级	发育
	湖泛泥岩	岩心、测井、地震	分米级至米级	发育
成岩作用	大气酸性水影响形成	岩心、测井	厘米级至米级	不发育
	地层水影响形成	岩心、测井	厘米级至米级	不发育
复合作用	碎屑岩中的植物碎屑发生炭化	岩心	毫米级至厘米级	可见
	含丰富螺类等化石的碎屑岩层在成岩过程中钙化	岩心、测井	厘米级至分米级	可见

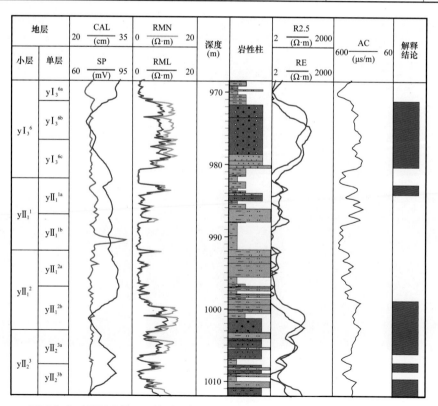

图3-21 辽河盆地西部凹陷某区于楼油层某井沉积成因隔夹层岩电特征（深度为988～991.5m）

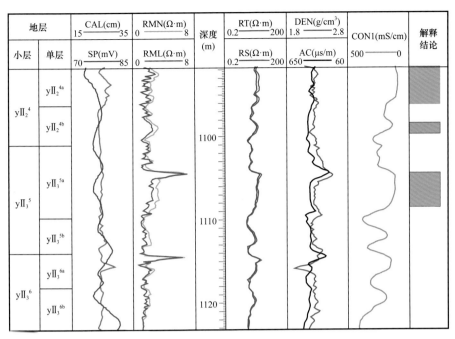

图 3-22 辽河盆地西部凹陷某区于楼油层某井成岩作用成因隔夹层岩电特征

（深度为 1104～1105m、1114～1115m）

二、隔夹层空间发育特征

1. 隔夹层剖面发育特征

因为目的层沉积成因的隔夹层占主导，因此从某种意义上讲，找到了砂体，就找到了隔夹层，大体上，隔夹层就发育在非砂体的部位（图3-23）。在进行井间隔夹层预测时，充分参考了储层单砂体研究的成果，在单砂体构型发育规模统计分析和井间预测的基础上，完成井间隔夹层发育规模和分布规律的预测。从平行于物源方向剖面上可以看出（图3-23），总体上隔夹层发育比较稳定，连续性较好，厚度较大。从成因上看，隔夹层以湖泛泥岩、不同沉积期和相同沉积期水下分流河道之间的粉砂质和泥质沉积为主。同时，水下分流河道间砂的存在，也使得隔夹层在空间上的发育规律复杂化。由于河流的分流改道作用强烈，导致砂体在空间上相互叠置，后期的水道对前期沉积的砂体或细粒沉积冲刷改造，引起隔夹层厚度在空间上发生变化。从垂直物源方向剖面上看，受砂体连续性变差的影响，隔夹层厚度在空间上的变化明显大于平行物源方向，厚度和连续性也明显好于后者。在局部水下分流河道叠置发育的部位，隔夹层的厚度明显变薄，而在水道规模较小的部位，隔夹层的厚度大，连续性好。

2. 隔层平面发育特征

本书根据不同单井隔夹层分析的结果，同时参考隔夹层在剖面上的发育规律，绘制了29个单层间隔层厚度发育平面图，以单层yI$_3^{5c}$至单层yI$_3^{6a}$之间隔层平面分布图为例（图3-24），隔层发育受沉积相控制明显，隔层大体呈北西—南东向展布，局部厚度较大

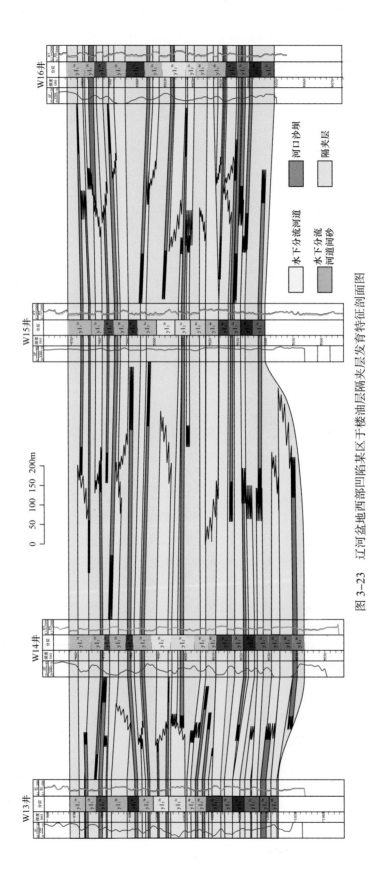

图 3-23　辽河盆地西部凹陷某区于楼油层隔夹层发育特征剖面图

处大面积连片，部分地区由于河道的分流改道和后期水下分流河道对前期河道沉积的冲刷和剥蚀，不同期的砂体叠置，不发育隔层。其余单层之间隔层发育规律与此类似，不同隔层发育平面分布图略有差异。统计分析表明，总体上研究区目的层隔层较发育，隔层最厚处达到18.66m（表3-4）。但是隔层的发育差异性却很强，在每个单层界面上，都有砂体直接叠置、隔层缺失的部位。总体上看，隔层厚度多在2.5m以上，根据辽河油田物理模拟、数值模拟以及生产实践验证，对于蒸汽驱而言，隔夹层厚度达到1m以上，可以起到良好的封隔作用（裘怿楠等，1996；刘文章，1997，1998）。本书中，在多数区域，隔夹层都可以起到有效的封隔作用。由于主要形成于湖泛时期，局部受古地形和地貌的影响和控制，隔层厚度表现为整体稳定、局部变化的格局。

表3-4　辽河盆地西部凹陷某区于楼油层不同单层之间隔层发育厚度统计特征

单位：m

隔层名称 ＼ 取值	yI_1^{1a}—yI_1^{1b}	yI_1^{1b}—yI_1^{2a}	yI_1^{2a}—yI_1^{2b}	yI_1^{2b}—yI_1^{2c}	yI_1^{2c}—yI_2^{3a}	yI_2^{3a}—yI_2^{3b}	yI_2^{3b}—yI_2^{3c}
最大值	13.00	13.78	9.81	12.16	13.34	10.02	9.40
最小值	0	0	0	0	0	0	0
平均值	3.04	3.06	1.60	2.18	3.84	3.61	1.52
隔层名称 ＼ 取值	yI_2^{3c}—yI_2^{4a}	yI_2^{4a}—yI_2^{4b}	yI_2^{4b}—yI_2^{4c}	yI_2^{4c}—yI_3^{5a}	yI_3^{5a}—yI_3^{5b}	yI_3^{5b}—yI_3^{5c}	yI_3^{5c}—yI_3^{6a}
最大值	12.50	9.99	9.15	9.74	11.71	10.38	15.63
最小值	0	0	0	0	0	0	0
平均值	2.68	2.22	2.31	3.13	2.07	2.29	3.69
隔层名称 ＼ 取值	yI_3^{6a}—yI_3^{6b}	yI_3^{6b}—yI_3^{6c}	yI_3^{6c}—yII_1^{1a}	yII_1^{1a}—yII_1^{1b}	yII_1^{1b}—yII_2^{2a}	yII_2^{2a}—yII_2^{2b}	yII_2^{2b}—yII_2^{3a}
最大值	12.20	11.47	11.50	15.00	13.76	17.00	15.14
最小值	0	0	0	0	0	0	0
平均值	2.32	2.11	5.20	3.99	4.93	5.26	6.31
隔层名称 ＼ 取值	yII_2^{3a}—yII_2^{3b}	yII_2^{3b}—yII_2^{4a}	yII_2^{4a}—yII_2^{4b}	yII_2^{4b}—yII_3^{5a}	yII_3^{5a}—yII_3^{5b}	yII_3^{5b}—yII_3^{6a}	yII_3^{6a}—yII_3^{6b}
最大值	14.97	14.35	13.54	12.71	15.00	14.80	18.66
最小值	0	0	0	0	0	0	0
平均值	5.83	5.40	4.35	4.96	3.51	3.48	6.24

3. 夹层平面发育特征

夹层在空间的延伸距离、在纵向上的厚度，都要明显小于隔层。本书通过绘制夹层密度分布图来刻画夹层在平面上的发育规律。夹层密度是指砂体中夹层总厚度与统计的砂体（包括夹层）总厚度的比值（吴胜和等，1998），用百分数表示。本次绘制了29个单层的夹层密度平面分布图，分析夹层在平面上的变化规律。以 yI_3^{6a} 单层内夹层为例，与隔层发育特征相比，夹层受水下分流河道的分流改道作用控制更加明显（图 3-25）。夹层在研究区多数区域断续分布，只是在局部小范围连片，对储层流体的流动产生影响。夹层在空间上的发育规律与隔层类似，也受物源方向控制，大体呈北西—南东向展布。由于本次分层界限精细至单层，对应单砂体，有超过 50% 的单层中只含有 1 套砂体，因此夹层总体上不发育，分层界限为小层级别时的夹层多变成了隔层。

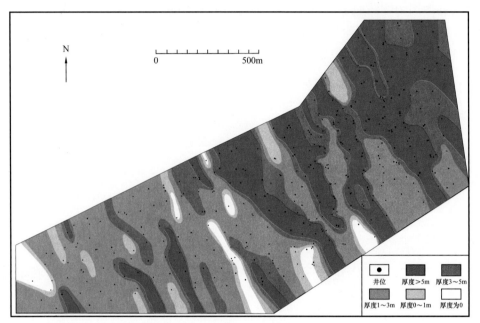

图 3-24　辽河盆地西部凹陷某区于楼油层单层 yI_3^{5c}—yI_3^{6a} 之间隔层发育特征

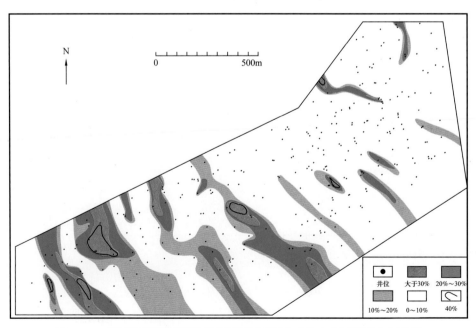

图 3-25　辽河盆地西部凹陷某区于楼油层单层 yI_3^{6a} 内夹层密度分布特征

三、隔夹层对稠油热采的影响

研究中分析了隔夹层对稠油热采开发生产的影响作用。以 W6 井组为例（表 3-5，图 3-26），该井组共 5 口井，在 yI 油组油层发育，油层之间连通性好。对比地层厚度、隔夹层厚度、产油量和注汽量发现，整个井组 5 口井的隔夹层均以沉积成因为主。W7 井和 W8 井隔夹层厚度相对最小，注汽量最少，但是产油量最多，而其余 3 口井的情况恰恰相反。这主要是随着隔夹层厚度的增大，蒸汽驱的热效率逐渐降低，同时注汽井和采油井之间的注采对应关系逐渐变差所致。从该井组生产实践说明，隔夹层对于稠油热采储层生产具有十分重要的控制和影响作用，试验区其余 8 个井组的情况大体与 W6 井组类似。总结认为，隔夹层对稠油蒸汽驱热采的影响主要体现在两个方面。

表 3-5   辽河盆地西部凹陷于楼油层 W6 井组（yI_1^{1a}—yII_1^{2a}）厚度与隔层厚度及生产数据对比表

参数 \ 井号	W7	W6	W9	W8	W10
地层厚度（m）	101.091	106.986	97.793	104.478	106.370
隔夹层厚度（m）	43.760	47.780	61.430	33.510	57.490
产油量（10^4t）	4420.600	339.200	2033.900	4077.300	2454.800
注汽量（10^4m^3）	4100	29647	5427	2385	5095

（1）消极方面：① 在空间上，不规则分布的泥岩增加了储层流体流动通道的曲折性，使注汽井和采油井之间的注采关系复杂化。以图 3-23 为例，剖面上，隔夹层将不同时期的沉积砂体分隔开来，导致注入蒸汽在侧向运移时路径会随着隔夹层的变化而发生变化，轨迹变得曲折，从而使注采关系复杂化。从图 3-24 和图 3-25 来看，隔夹层的存在，导致储层在平面上连通性变差，被隔夹层分隔成条带状，由于隔夹层的分布受水下分流河道分布规律的影响，呈不规则状，因此导致注入蒸汽在平面上的运动轨迹也变得复杂化，最终导致注汽井和采油井之间注采关系复杂化。② 由于隔夹层发育，蒸汽驱大量热量被隔夹层吸收而损失，导致热量很难在油层中有效传递，达到驱油的效果，蒸汽驱经济效果变差。从注蒸汽驱油的机理而言，注入蒸汽主要增加油层的温度，从而达到改变油层性质，增强原油流动性的效果，而作为紧靠油层、未储油的隔夹层而言，如果较发育，就会吸收大量的热量，从而造成热量损失严重，降低蒸汽利用率。这一点也是稠油热采蒸汽驱中特有的现象，与常规的水驱采油过程不同，需要引起足够的重视。③在平面上，在进行井网加密和注采关系调整时，应该尽量减小隔夹层对生产的影响，保证注汽井和采油井之间达到良好的注采对应关系。因为，如果在注采井之间发育隔夹层，会导致蒸汽运动的轨迹受阻，注采之间对应效果变差。

（2）积极方面：纵向上，隔层较发育的部位，可以采用分层注汽的措施，尽量减少蒸汽驱热量损失，改善开发效果（陈欢庆等，2015），而单层间隔层不发育的区域，只能采用笼统注汽。由于隔夹层的存在，可以对蒸汽在地层中的运动轨迹产生影响，可以一定程度上减小重力对稠油热采过程的影响，使得蒸汽沿地层侧向运动的距离更远，改善稠油热采的开发效果。

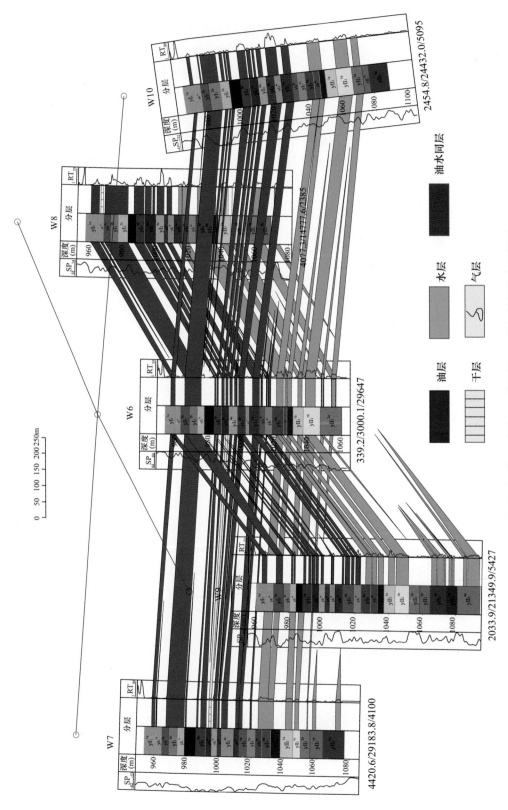

图 3-26　辽河盆地西部凹陷某区于楼油层 W6 井组储层发育特征图

（井下部的数字代表：产油量（10⁴t）/产水量（10⁴m³）/注汽量（10⁴m³）

从整体来看，隔夹层的存在对于稠油热采蒸汽驱的消极作用占主导。因此在蒸汽吞吐转蒸汽驱开发措施实施时，应该充分考虑到隔夹层的影响作用，提高扇三角洲前缘沉积储层稠油油藏热采开发效果。

第四节　扇三角洲前缘沉积储层地质成因分析及分类评价

本次通过对扇三角洲前缘储层成因影响因素的分析，选择特征的储层评价参数，运用 SPSS 聚类分析软件，借助 400 口井的精细测井解释成果，对研究区目的层储层进行了综合定量评价。将储层定性的成因分析与定量的分类评价紧密结合，充分保证了参数选取的合理性与评价结果的可靠性，为扇三角洲前缘沉积储层开发方式的转换提供地质依据。工区和研究层位基本地质概况在本书第三章第二节中有详细介绍，在此不再赘述。

一、储层发育特征

1. 岩性特征

通过对 6 口取心井 668m 岩心的详细观察和描述（图 3-27），同时结合 233 块粒度分析样品研究表明，研究区目的层岩石类型丰富多样，包括细砾岩、砂砾岩、粗砂岩、中砂岩、细砂岩、粉砂岩、泥质粉砂岩、粉砂质泥岩和泥岩等多种类型；颜色以灰色、灰黑色、灰绿色等为主，多砂砾混杂，泥质含量高，其中以中细砂岩为主。

图 3-27　辽河盆地西部凹陷某区于楼油层岩性岩心照片特征

（a）A10，944.73～944.78m，灰褐色细砾岩；（b）A2，945.39～945.53m，灰褐色细砂岩；
（c）A2，948～948.1m，粉砂岩；（d）A22，1040.8～1041m，泥岩

2. 沉积微相特征

综合地质、测井、岩心等资料，通过单井、剖面和平面沉积相分析，确定研究区目的层属扇三角洲前缘沉积，进一步细分为5种沉积微相类型，分别是水下分流河道、河口沙坝、水下分流河道间砂、水下分流河道间泥和前缘席状砂（图3-28），其中储层以水下分流河道和河口沙坝为主。

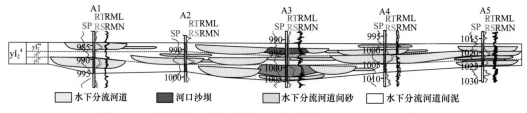

图3-28 辽河盆地西部凹陷某区于楼油层沉积微相剖面发育特征

3. 储层孔隙结构发育特征

储层的孔隙结构是指岩石所具有的孔隙和喉道的几何形状、大小、分布及其连通关系。研究孔隙结构，深入揭示油气储层的内部结构，对油气田勘探和开发有着重要的意义（陈欢庆等，2013）。从压汞曲线来看（图3-29），研究区目的层压汞曲线偏向左下方，指示孔隙和喉道分选好，粗歪度，孔喉发育状况好。本次研究主要依据岩心和镜下薄片资料等，将研究区于楼油层孔隙结构划分为原生孔隙和次生孔隙两大类，同时进一步细分为粒间孔隙、粒内孔隙、基质内微孔、解理缝、粒间溶孔、粒内溶孔、铸模孔、特大溶蚀粒间孔、构造缝和溶蚀缝等10种亚类，每种孔隙类型在镜下薄片上都有特征的反映（图3-30），总体上以粒间孔隙和粒间溶孔为主。

4. 物性特征

利用150块岩心分析测试资料统计分析结果表明，研究区于楼油层孔隙度主要分布在25%~40%的范围内，平均孔隙度为31.25%；渗透率变化较大，主要分布于1~5000mD的范围内，平均渗透率为1829.3mD，研究区目的层属于高孔高渗储层。

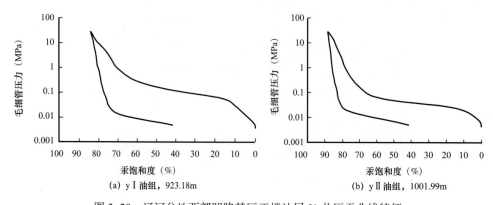

图3-29 辽河盆地西部凹陷某区于楼油层J1井压汞曲线特征

图 3-30 辽河盆地西部凹陷某区于楼油层储层孔隙结构特征

（a）J2井，粒间孔隙、粒内孔隙、粒间溶孔、粒内溶孔、铸模孔、构造缝；（b）J2井，粒间孔隙、粒内孔隙、粒间溶孔、构造缝、特大溶蚀粒间孔；（c）J2井，粒间孔隙、粒内孔隙、粒间溶孔、粒内溶孔、构造缝；（d）J2井，粒间孔隙、粒内孔隙、粒内溶孔、粒内溶孔、基质内微孔、构造缝；（e）J2井，粒间孔隙、粒内孔隙、粒间溶孔、粒内溶孔、铸模孔、基质内微孔、特大溶蚀粒间孔；（f）J2井，粒间孔隙、粒内孔隙、粒间溶孔、粒内溶孔、基质内微孔、解理缝

5. 成岩作用特征

成岩作用与储层性质密切相关（陈欢庆等，2013）。研究区目的层孔隙结构的发育还受到成岩作用的影响，主要包括胶结作用、溶蚀作用等（图3-31）。胶结作用既有碳酸盐胶结，也有黏土矿物胶结等，其中黏土矿物胶结要比碳酸盐胶结更加普遍。

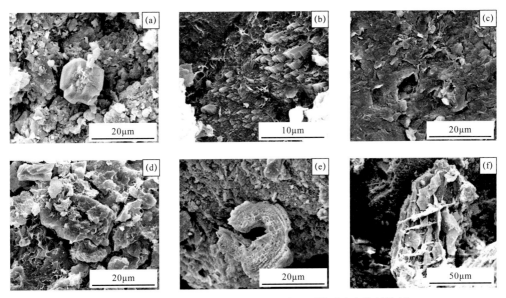

图 3-31 辽河盆地西部凹陷某区于楼油层储层成岩作用特征

（a）A2井，碳酸盐矿物胶结，965.72m，砂岩；（b）A2井，长石次生加大达Ⅰ级，979.32m，砂岩；（c）A2井，颗粒表面片状伊利石黏土胶结，984.35m，砂岩；（d）A2井，蒙皂石黏土胶结，989.18m，砂岩；（e）A2井，高岭石黏土胶结，蠕虫状，1005.72m，砂岩；（f）A2井，颗粒溶蚀现象，1022.72m，砂岩

6. 储层非均质性特征

储层非均质性是影响地下油、气、水运动及油气采收率的主要因素，进行储层非均质性研究，对油藏有效开发具有十分重要的意义（陈欢庆等，2012）。通过分析单井沉积韵律模式发现，研究区目的层受沉积作用控制，纵向上具有较强的非均质性。目的层可以看到 3 种沉积韵律模式，包括正韵律、反韵律和复合韵律，其中以正韵律和复合韵律为主。上述韵律性在纵向上的不断变化，造成储层有较强的层内非均质性。分析 yI 油层组各单层渗透率变异系数平面分布规律，储层非均质性明显受沉积微相的控制，单层 yI_1^{2a}、yI_1^{2b} 和 yI_1^{2c} 中储层非均质性最弱，渗透率变异系数小于 0.5 的区域接近试验区总面积的 1/2，其次是单层 yI_2^{3a}、yI_2^{4a}、yI_2^{4b} 和 yI_2^{4c}，储层渗透率变异系数取值小于 0.5 的区域面积接近试验区总面积的 1/3，其余单层非均质性整体都较强，渗透率变异系数小于 0.5 的区域面积零星分布，这与孔隙度和渗透率的分布特征基本一致。

二、储层定量评价

1. 储层定量评价参数的选择

评价参数的选择，是储层评价成败的最关键因素之一。影响储层性质的因素多种多样，因此评价参数的选择对于不同研究者而言也各有不同。评价参数并不是越多越好，参数过多会导致部分评价因素重复考虑、储层质量主控因素难以体现等问题。依据上述储层成因性质综合分析结果，对储层综合评价的参数进行选择。构造作用主要通过裂缝对储层性质产生影响，这可以通过渗透率体现。沉积作用对储层性质起着十分重要的控制作用，水下分流河道的频繁分流和改道，进一步加剧了储层的非均质性在空间上的展布特征，这可以通过渗透率变异系数来体现。同时泥质含量的数值也能反映目的层为水下分流河道沉积还是河道间泥沉积，因此也是一项十分重要的指标。孔隙度高值的区域主要对应的是水下分流河道或者河口沙坝的部位，而孔隙度低值的区域多对应水下分流河道间泥，因此孔隙度也是一项重要参数指标。储层厚度是储层性质的一个综合表现参数，它在一定程度上体现了岩性、岩相和成岩作用等因素。因此，综合考虑后选择能充分反映储层影响因素的泥质含量、孔隙度、渗透率、储层厚度、非均质性渗透率变异系数等 5 项参数对研究区目的层储层进行综合定量评价。

2. 储层定量评价的方法

在聚类过程中选择 SPSS 软件提供的谱系聚类中的 Q 聚类，所谓对个案 Q 聚类是根据变量的特征进行聚类，凡是特征相近的个案，就将它们归入一类（蔡建琼等，2006）。根据储层泥质含量、孔隙度、渗透率、储层厚度、非均质性渗透率变异系数等 5 项参数特征，进行聚类分析，划分储层类型，即属于 Q 聚类。在聚类过程中，首先对上述 5 项变量进行标准化，从而使不同类型的变量值之间能够进行大小比较和数学运算。SPSS 软件平台提供的聚类分析方法多种多样，在聚类方法的选择上，对比 Pearson correlation、Chebychev、Minkowski、Block 和 Ward's method 等方法，根据可以进行有效分类，且 5 项参数的类别划分结果变化趋势一致而且符合目前开发现状的原则，选用 Ward's method

进行聚类。所谓有效分类，就是所划分的储层类别中没有任何一类的结果数量明显小于其他类别（数量级的差异），以此来体现划分参数选择、计算方法、分类结果等的合理性。5项参数的类别划分结果变化趋势一致是指在分类结果中保证孔隙度较大，渗透率较大，泥质含量较小的样点属于同一类，且属于Ⅰ类或者Ⅱ类这种好储层；而孔隙度较小，渗透率较小，泥质含量较大的样点属于同一类，且属于Ⅲ类或者Ⅳ类这种差储层。这样可以避免孔隙度较小，但受微裂缝影响，渗透率较大等一些奇异点对储层分类评价结果的影响。符合目前的开发现状是指储层分类评价的结果Ⅰ类和Ⅱ类好储层的部位目前开发效果较好，而Ⅲ类和Ⅳ类较差储层对应目前生产效果较差的部位。Ward's method 的选择是多次反复实验的结果，没有什么捷径可走，同时需要研究者具备一定的聚类分析研究经验。不同的研究区和资料基础，参数的选择和计算方法的选择可能会有所差异。最后通过距离的远近和亲疏关系归并分类，最终得到分类结果（表 3-6，图 3-32）。

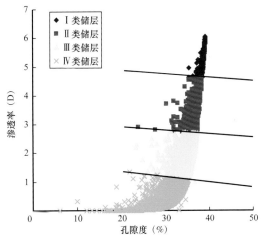

图 3-32　辽河盆地西部凹陷某区于楼油层各单层储层评价分类结果孔渗关系特征

3. 储层定量评价结果

本书将目的层储层划分为Ⅰ类、Ⅱ类、Ⅲ类和Ⅳ类等 4 种类型，其中Ⅰ类和Ⅱ类储层物性好，为目前主要的开发对象，Ⅲ类和Ⅳ类储层物性较差，在目前的技术条件下，很难具有经济开发价值。不同类型储层发育明显受沉积相控制，Ⅰ类和Ⅱ类储层多位于水下分流河道和河口沙坝的位置，而Ⅲ类和Ⅳ类储层多位于水下分流河道间砂或前缘席状砂的位置。

4. 不同类型储层发育特征

对比不同单层中不同类型储层在平面上的分布规律，沉积因素在储层形成过程中起着主导作用，4 类储层平面上大体呈北西—南东条带状展布，延伸方向与沉积微相展布方向基本一致。纵向上，随着不同沉积期水下分流河道主水道在扇三角洲前缘上的迁移和不断改道，储层物性对应的区域也在不断变化着分布范围。对比 yI 油组不同的储层类别分布区域发现，Ⅰ类和Ⅱ类储层主要在单层 yI_1^{2a}、yI_1^{2b}、yI_1^{2c}、yI_2^{3a}、yI_2^{3b}、yI_2^{3c}、yI_2^{4a}、yI_2^{4b} 和 yI_2^{4c} 发育，其中尤以单层 yI_1^{2a}、yI_1^{2b} 和 yI_1^{2c} 储层物性最好。

5. 储层分类评价结果的合理性控制和验证

储层聚类分析评价是一项系统工程，本书从以下几点保证结果的合理性：（1）首先在参数选择上，选择充分体现储层性质影响因素的参数；（2）分析过程中优选计算方法和数据标准化处理算法保证软件自带的分类评价结果正判率超过 85%；（3）保证每种分类评价结果均有一定的数量比重，剔除少数奇异值的影响；（4）对比分类结果之间不同参数的关系，保证所有参数在聚类过程中均发挥作用，确保聚类分析的综合性和合理性；（5）将储层评价结果平面展布图与沉积微相平面展布图对比（图 3-33），两者具有很好的相关性

表 3-6 辽河盆地西部凹陷某区于楼油层储层分类评价参数统计特征

储层分类\参数	孔隙度（%）			渗透率（D）			泥质含量（%）			有效厚度（m）			变异系数		
	最大值	最小值	平均值	最大值	最小值	平均值	最大值	最小值	平均值	最大值	最小值	平均值	最大值	最小值	平均值
I 类储层	39.000	35.170	38.590	6.057	4.618	5.520	39.980	0.660	17.650	7.260	0	2.870	0.522	0	0.194
II 类储层	38.240	23.730	36.580	4.615	2.709	3.594	44.990	1.240	21.520	8.450	0	2.920	1.030	0.147	0.635
III 类储层	37.110	23.140	34.350	2.748	1.001	1.751	49.970	1.160	24.710	10.980	0	2.560	1.780	0	0.917
IV 类储层	35.030	6.180	30.050	1.346	0	0.355	54.840	0.310	27.300	8.660	0	1.450	6.012	0	0.921

和一致性，这也说明本次储层评价结果的合理性，充分体现了成因上沉积因素对储层性质的控制作用。

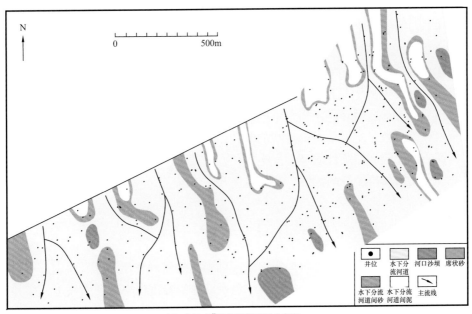

(a) 单层yI$_1^{2b}$沉积微相平面分布图

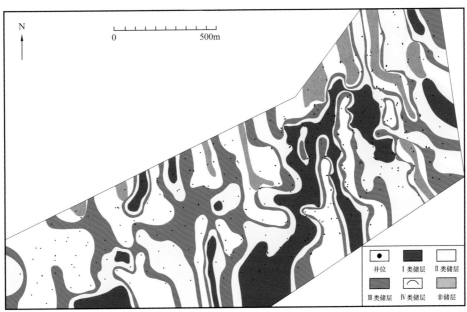

(b) 单层yI$_1^{2b}$储层评价结果平面展布图

图3-33 辽河盆地西部凹陷某区于楼油层沉积微相与储层分类评价结果平面分布特征对比图

三、储层分类评价结果对热采方式转换的影响

储层评价的结果可以为扇三角洲前缘储层稠油热采蒸汽吞吐转蒸汽驱提供坚实的地质依据。储层作为蒸汽驱的物质基础，其性质直接决定了蒸汽驱效果的好坏。前已述及，本

次储层评价的目的就是为了给扇三角洲前缘储层蒸汽吞吐转蒸汽驱开发方式提供地质依据。在蒸汽驱时应注意以下几点：（1）充分考虑到储层评价的成果，使注汽井和采油井尽量位于性质接近或者类似的物性较好的区域内，以保证注汽井注汽，采油井能更好受效，具体到研究区，在注蒸汽时，尽量保证注汽井和采油井位于Ⅰ类储层和Ⅱ类储层的区域内，而且注采井之间储层分类属于同一类，而且连续，未发生变化；（2）应该根据储层性质特点，合理设计注采井之间的井距，防止井距过小发生汽窜，在转换开发方式时对不同类型储层应该在井网井距设计等方面区别对待；（3）纵向上由于yⅠ和yⅡ油组分两套层系开采，应该充分考虑这两套层系当中不同单层的储层评价成果，兼顾大多数，使尽量多的单层在蒸汽驱时见效。受目前开发现状的制约，考虑到蒸汽驱热采经济有效性，多数单层要合采，而不同单层间储层性质又会发生变化，因此要尽量保证一套注采系统中多数单层位于Ⅰ类和Ⅱ类等储层较好的区域，达到最优开发效果。

第五节 小 结

（1）准噶尔盆地西北缘下克拉玛依组以中砂岩、砂质砾岩及细砾岩为主，粒径多大于2mm。储层颗粒磨圆度差，多呈次棱角状、次圆状等。粒度概率累计曲线上，多种岩石类型基本都是以较粗粒的滚动搬运组分和跳跃搬运组分为主，而细粒的悬浮搬运组分很少。受水流冲刷回流作用影响，位于辫流带的样品跳跃组分总体可以发育为两个跳跃粒度次总体，表现为两个相交的线段，两者在中值和分选上略有差别。C—M图和结构参数散点图证实目的层以牵引流为主，受退积型沉积旋回控制，自下而上牵引流的特点逐渐显著。

（2）粒度分析结果表明，准噶尔盆地西北缘下克拉玛依组属于典型的冲积扇砾岩储层，储层整体粒度较粗，分选差。粒度分析在沉积环境分析中应用广泛，作为沉积相分析的有力工具之一，具有十分重要的作用，但其也有局限性和多解性，在运用时应该与其他相关资料和研究手段紧密结合、相互印证和补充，才能得出客观真实的结论。

（3）辽河盆地西部凹陷于楼油层可以细分为29个单层，对应29个短期基准面旋回。目的层岩性以中细砂岩为主，发育槽状交错层理、板状交错层理、波状层理、脉状层理、平行层理及水平层理等层理构造。泥岩颜色反映主要沉积环境为还原环境，在泥岩、粉砂岩中可以看到丰富的头足类化石（螺类）。粒度概率累计曲线多为二段式和三段式，沉积物存在滚动、跳跃、悬浮等3种搬运方式。从岩性、层理特征、泥岩颜色、古生物化石以及沉积物粒度特征等综合分析，确定研究区目的层为扇三角洲前缘水下分流河道沉积。

（4）辽河盆地西部凹陷于楼油层可以细分为水下分流河道、河口沙坝、前缘席状砂、水下分流河道间砂和水下分流河道间泥等5种沉积微相。水下分流河道构成了储层的主体。水下分流河道间泥位于水下分流河道之间，构成非储层的主体，主要以隔夹层的形式出现。

（5）辽河盆地西部凹陷于楼油层水下分流河道呈北西—南东平行物源方向条带状发育，水下分流河道间砂分布于河道侧翼，不同水道间为粉砂质泥和泥岩等细粒沉积分隔。自下部的单层yⅡ$_3^{6b}$至上部的单层yⅠ$_1^{1a}$，目的层整体上为向上逐渐变粗的反旋回。总体上，河道宽200～300m，长度可达数百米，砂体数量多，规模小。物源供给随着洪水期和枯水期的变化，扇体上的水道位置不断发生迁移。

（6）辽河盆地西部凹陷于楼油层沉积特征对于稠油热采措施的实施具有十分重要的影响和控制作用。目的层单砂体沉积微相组合模式分为侧向和垂向两大类，进一步细分为7小类。在进行蒸汽驱时，注采井组最好位于同一个沉积相带内，且井间不发生沉积相的变化，以保证注采井注采关系对应效果最好。而且当注采井位于同一条水下分流河道主流线上时，开发效果最好。对于扇三角洲前缘水下分流河道砂体而言，注蒸汽时，蒸汽前缘优先沿各分流河道主流线向下游突进。

（7）由于河流的分流改道作用强烈，导致辽河盆地西部凹陷于楼油层砂体在空间上相互叠置，引起隔夹层厚度在空间上发生变化。隔层受沉积相控制明显，大体呈北西—南东向展布。研究区目的层隔层较发育，最厚处达到18.66m。总体上，隔层厚度多在2.5m以上，可以起到有效的封隔作用。由于主要形成于湖泛时期，局部受古地形和地貌的影响和控制，隔层厚度表现为整体稳定、局部变化的格局。夹层在空间的延伸距离、纵向上的厚度，都要明显小于隔层，但展布规律与隔层类似。水下分流河道间泥形成的隔夹层为隔夹层的主体，由水下分流河道间砂钙化形成的隔夹层很少见，只在yⅡ油组中可以看到。

（8）辽河盆地西部凹陷于楼油层稠油热采油藏生产实践表明，隔夹层对于稠油热采储层生产具有十分重要的控制和影响作用，主要体现在两个方面。消极方面：① 在空间上，不规则分布的泥岩增加了储层流体流动通道的曲折性，使注汽井和采油井之间的注采关系复杂化；② 由于隔夹层发育，蒸汽驱大量热量被隔夹层吸收而损失，导致热量很难在油层中有效传递，达到驱油的效果，蒸汽驱经济效果变差；③ 在平面上，在进行井网加密和注采关系调整时，应该尽量减小隔夹层对生产的影响，保证注汽井和采油井之间达到良好的注采对应关系。积极方面主要体现在隔层较发育的部位，可以采用分层注汽的措施，尽量减少蒸汽驱热量损失，改善开发效果，而单层间隔夹层不发育的区域，只能采用笼统注汽。整体来看，隔夹层的存在对于稠油热采蒸汽驱的消极作用占主导地位。由于稠油蒸汽吞吐和蒸汽驱热采的特殊性，决定了对其开展隔夹层研究，具有与常规水驱相比很大的差异性和特殊性。

（9）辽河盆地西部凹陷于楼油层岩性以中细砂岩为主，储层以水下分流河道和河口沙坝为主。孔喉发育状况好，偏粗歪度，且孔喉分选好。总体上以粒间孔隙和粒间溶孔为主。储层平均孔隙度为31.25%，平均渗透率为1829.3mD，属高孔高渗储层。成岩作用主要包括胶结作用、溶蚀作用等。目的层可以看到3种沉积韵律模式，包括正韵律、反韵律和复合韵律，其中以正韵律和复合韵律为主，整体上储层非均质性强烈。

（10）选取充分体现储层物性控制因素的泥质含量、孔隙度、渗透率、储层厚度、非均质性渗透率变异系数等5项参数对辽河盆地西部凹陷于楼油层储层进行综合定量评价，将研究区目的层划分为4种类型，其中Ⅰ类和Ⅱ类储层物性好，为目前主要的开发对象。不同类型储层发育明显受沉积微相控制，Ⅰ类和Ⅱ类储层多位于水下分流河道和河口沙坝的位置，而Ⅲ类和Ⅳ类储层多位于水下分流河道间砂或前缘席状砂的位置。

（11）储层评价结果正确性和合理性的把握和验证是储层评价研究中十分重要的内容。首先在参数选择上，选择充分体现储层性质影响因素的参数；其次在分析过程中优选计算方法和数据标准化处理算法保证软件自带的分类评价结果正判率超过85%。可以将储层评价结果平面展布图与沉积微相平面展布图对比，来验证储层评价结果的合理性。

第四章　油气水系统地质成因分析

　　油气水在油藏内按照统一的气油、油水或气水界面存在时，说明在油气藏形成过程中，这一储层系统是相互连通的，称为一个油气水系统。油气水系统的分布和产状直接关系到储量计算和开发部署的决策，因而油气水系统的确定和描述，是油藏描述中一个非常重要的内容（裘怿楠等，1996）。

第一节　国内外研究现状

　　油气水系统的研究从勘探、评价到开发，贯穿油气田发展的整个生命周期，许多研究者都开展过相关的工作（李克文等，1989；谭延栋等，1990；巢华庆等，1995；乔文孝等，1997；黄福堂等，1997；施尚明等，1999；杨碧松，2000；胡红等，2000；赵军，2000；陈世加等，2001；闫东育等，2001；钟大康等，2002；唐建明，2002；张文宾等，2002；梁莹，2007；胡永章等，2009；吴明等，2012；赵俊堂，2013；宋梅远，2014；姜福聪等，2016）。李克文等（1989）根据孔隙的概率分布计算油气水三相相对渗透率曲线。谭延栋（1990）利用碳氧比能谱测井解释油气水层，确定套管井地层含水饱和度及其产水率。巢华庆等（1995）探索了保压岩心油气水饱和度分析技术、实验条件与数据处理方法，绘制不同油层油水饱和度脱气校正图版，图版精度达到95%。乔文孝等（1997）利用声波测井资料识别油气水层，取得了明显的效果，为低阻油气层和高阻水层等复杂地层评价增添了一种非电法评价手段。黄福堂等（1997）论述了松辽盆地北部地层水的物理化学性质、化学组成和主要离子组合特征。施尚明等（1999）提出油气水层综合识别的概率法，在松辽盆地西部葡西、新站等地区应用效果较好。杨碧松（2000）对低矿化度地层水地层油气水层识别进行了研究，充分利用三孔隙度测井（中子、密度、声波）、电阻率测井（侧向）等，基于计算机技术，测井解释符合率达到95%。胡红等（2000）以焉耆盆地为例，利用BP人工神经网络建立油气水层解释模型，实现综合利用气测、地球化学、测井等原始资料识别储层流体类型，并实现计算机自动化处理。赵军（2000）以塔里木油田为例，利用模糊灰关联分析进行测井识别油气水层。陈世加等（2001）利用储层抽提物的化学性质识别油气水层，该方法进行测井解释不受储层岩石组成及流体物理性质的影响。闫东育等（2001）利用随钻地震预测地层压力并判断油气水层，研究认为随钻地震具有不干扰钻井作业、有利于获取油气藏原始数据、可连续24h监测、能够提供钻头工况、降低钻井风险、提供定向井地质导向数据等诸多特点。钟大康等（2002）以准噶尔盆地为例，利用人工神经网络进行录井油气水层识别，正判率大于90%。唐建明（2002）以塔河油田石炭系浅海—滨海相碎屑岩沉积储层为例，提出了一套针对性较强的储层油气预测方法。张文宾等（2002）以龙西—巴彦查干地区为例，利用对应分析识别油气水层，试油验证符合率达89.6%。梁莹（2007）以辽河油田红星地区东营组和沙河街组一段为例，进行四性关系分析，发现了一次解释未发现的新油气层。胡永章等（2009）以鄂尔多斯盆地杭锦旗区块为例，应用多组逐步判别分析方法进行油气水层划分，并分析油气水分布规律和主控因素。吴明等（2012）以准噶尔盆地陆西地区为例，介绍利用地球化学方法识别油气水层最新进展。赵俊堂（2013）结合实际井的产液情况，总结出利用浮子流量测井图谱识别油气水的方法，在实际生产解释中得到了很好的应用。宋梅远（2014）以哈山地区为例，对测井曲线进行重构，建立了浅层碎屑岩含油性评价的测井标准。姜福聪等（2016）以大庆葡萄花油田南部黑帝庙油层为例，利用岩心、试油和测井资料，开展储层"四性"关系研究，建立油气水识别图版。总结前人的研究，研究对象以碎屑岩油藏为主，工作重点主要集中在油气水层识别和分布规律刻画两个方面，研究方法包括地质、地球物理、地球化学、生产动态等，其中以测井、录井和地球化学方法为主。同时为了提高油气水层识别的精度，各种数学算法和计算机技术在研究中的应用也越来越广泛。未来油气水系统研究将在分层位分区块油气水测井精细解释、油气水系统地球化学精细分析、四维地震开发过程中地下流体监测等方面重点探索攻关。

目前在精细油藏描述研究中大家关注的焦点主要集中在构造精细解释表征和储层预测刻画两个方面，对于油藏的油气水系统重视程度还远远不够。在油气田开发中，油气是油田开发的直接目标，油气水系统的表征直接关系着各种调整措施的实施和石油采收率的提高，因此应该成为精细油藏描述研究的重点内容。本次研究以辽河盆地西部凹陷蒸汽驱试验区为例，通过取心井岩心观察与描述、岩心、测井和取心井分析测试资料四性关系分析、地面原油常规分析统计、水淹层测井解释分析等，对地下油气水的分布特征进行了刻画，为油气田开发后期稠油热采蒸汽吞吐转蒸汽驱措施实施提供依据。工区和研究层位基本地质概况在本书第三章第二节中有详细介绍，在此不再赘述。

第二节　储层含油性特征

储层的含油性主要指储层含油饱和程度、产状特征等，该项研究主要通过岩心的观察描述、测井解释等方法来完成。基于储层含油性特征的描述，可以为有效储层界限的确定和含油面积的圈定以及储量计算等提供依据。

一、取心井岩心含油性描述

油田钻井取心往往含油，所以岩性观察与描述就成为认识储层含油气性的一种最直观的方法。若岩心含油，需描述含油饱和程度、产状特征等。为了更好地确定含油饱和程度，最好选择岩心的新鲜面进行描述（操应长等，2003）。岩心的含油级别主要依据含油产状、含油饱和程度和含油面积来确定，操应长等（2003）将岩心含油级别分为油砂、含油、油浸和油斑等4个级别。本书参考这一划分标准，通过对7口取心井668m岩心仔细观察描述，对研究区储层含油性特征有了初步直观的认识（图4-1），其中油砂和含油最常见，而油浸和油斑较少。原因可能有两个方面：（1）由于水下分流河道频繁改道，不同时期的砂体沉积相互叠置，后期形成的河道侵蚀前期河道沉积物，较好的储层段在目的层段的厚度增大，同时储层疏松，胶结差，分选磨圆较好，所以含油气均匀；（2）钻井取心时主要针对砂砾岩段取心，可能漏失了部分储层物性较差的层段，导致油浸和油斑层段减少。

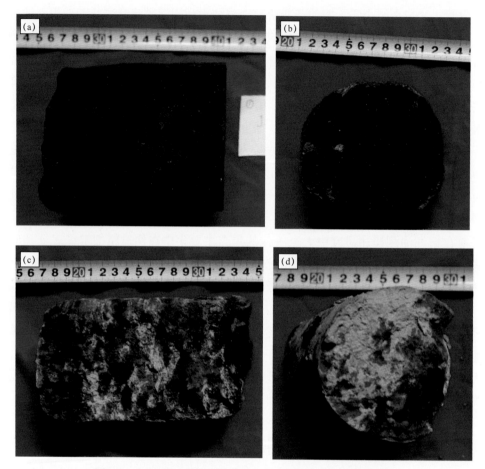

图 4-1 辽河盆地西部凹陷某区于楼油层取心井含油性特征

（a）J2 井，油砂，灰黑色细砂岩，945.39～945.53m；（b）J91 井，含油，灰褐色含砾中砂岩，1028.2～1028.25m；（c）J23-261 井，油浸，灰褐色粉细砂岩，962.05～962.25m；（d）J10-22 井，油斑，泥质粉砂岩，1030.85～1031.05m

二、"四性"关系研究及有效储层界限的确定

"四性"关系研究，主要是分析储层岩性、电性、含油性和物性之间的关系，其目的之一就是确定有效储层的下限，圈定不同层位含油面积，为储量计算奠定基础。杨敏（2014）以苏北盆地张家垛油田阜三段为例，在"四性"关系研究的基础上确定储层有效厚度的下限。本书选取 7 口取心井 668m 岩心描述资料和测井曲线资料、150 块样品物性分析资料等，进行统计分析，确定储层"四性"关系。分析测试样品分布在 7 口取心井中，层位分属 yI 和 yII 油组，因此统计分析结果在平面上和纵向上可以有效地代表研究区

目的层含油性特征。分析发现，孔隙度大于28%、渗透率大于30mD的时候，样品的含油性基本属于饱含油和含油，当孔隙度小于28%、渗透率小于30mD的时候，样品的含油性基本属于油浸和油斑，与油田目前的认识成果基本一致（图4-2）。通过对岩心数据的分析，发现当岩性为砂砾岩、含砾细砂岩、细砂岩时，含油性基本属于饱含油和含油，当岩性为粉砂岩和泥岩时，含油性基本为油浸和油斑（图4-3）。根据上述分析，确定研究区目的层有效储层物性下限值分别为孔隙度28%和渗透率30mD。

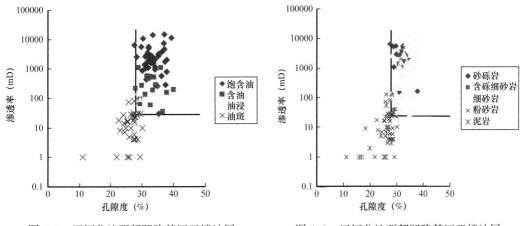

图4-2　辽河盆地西部凹陷某区于楼油层　　　图4-3　辽河盆地西部凹陷某区于楼油层
　　　　含油性与物性关系特征　　　　　　　　　　　岩性与物性关系特征

第三节　原油性质特征

原油性质包括物理性质和化学性质两个方面。物理性质包括颜色、密度、黏度、凝固点、含蜡量、溶解性、发热量、荧光性、旋光性等。化学性质包括化学组成、组分组成、馏分组成等（叶庆全等，2009）。黄福堂等（1996）以松辽盆地王府凹陷为例，分析了油藏油气水地球化学特征，并进行了油源对比。本书主要基于分析测试资料对研究区目的层原油性质进行统计研究，同时总结原油性质在平面上的变化规律。

一、原油性质特征参数

高黏度重质原油也叫稠油，一般由于组分中的沥青质及胶质含量高，导致相对密度大，黏度高。由于密度和黏度等原油性质对于稠油油藏的开采起着重要的影响作用，因此，为了有效开发稠油资源，有必要对原油物性在空间上的分布规律进行分析。分析原油物性不同参数之间的关系（图4-4），随着原油密度的增大，黏度逐渐增大，胶质和沥青质的含量也逐渐增大，原油含蜡量与密度之间相关性不明显。原油黏度增大，胶质和沥青质也随着增大。

分析原油物性不同参数发育规律（图4-5），于楼油层总体上原油密度较大，样品（14块）中多数大于0.97g/cm³，原油黏度多大于5000mPa·s，含蜡量较低，最大达到4%，多数小于2.5%，胶质和沥青质含量较大，均在38%以上。

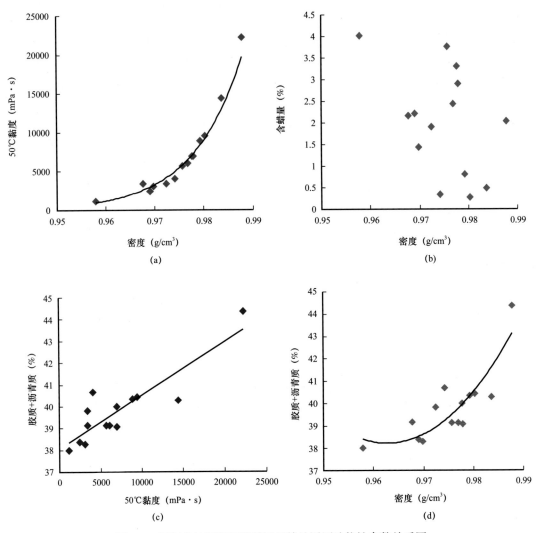

图 4-4　辽河盆地西部凹陷某区于楼油层原油物性参数关系图

二、原油性质平面分布规律

参考图 3-8 的位置，分析原油密度数据，研究区于楼油层整体上原油密度较大，都在 0.9522g/cm³ 以上，研究区中部原油密度明显小于西部和东部，从研究区北东部向南西部，地层原油密度逐渐增大。这与研究区大体呈北东—南西向的单斜构造背景密切相关。统计原油黏度数据，研究区中部于楼油层，整体上原油黏度都在 4000mPa·s（50℃）以上，研究区南部和东部，黏度急剧增大，而且在局部地区在较短井距就发生很大变化。分析原因，主要受成藏时地层条件、温度和压力等因素综合影响和控制。分析原油含蜡量数据，研究区于楼油层中部，整体上原油含蜡量的分布无规律，主要受烃源岩的性质控制，与其他因素无直接联系。统计胶质和沥青质含量数据，研究区于楼油层中部，原油胶质和沥青质从北西向南东向整体上有含量逐渐增大的趋势，反映该指标除了受烃源岩的性质控制，还可能与原油运移路径的距离以及储层性质等其他因素有关。

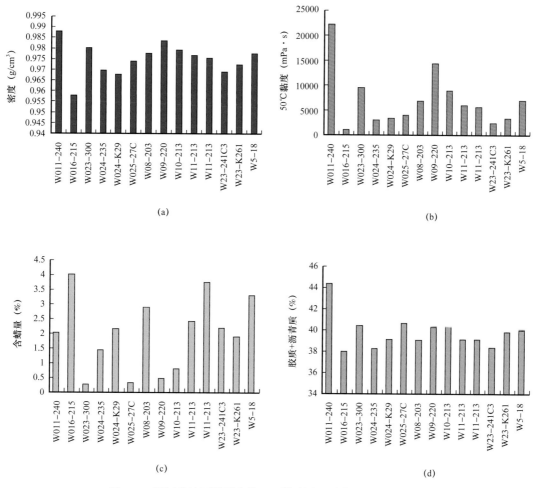

图 4-5　辽河盆地西部凹陷某区于楼油层原油物性发育规律图

第四节　地层水特征

地层水是指以各种形式储存在地层空隙中的地下水。在油气藏中常以边水、底水、层间水等形式存在（杨绪充，1993；叶庆全等，2009）。地层水对油田开发中蒸汽吞吐和蒸汽驱等热采措施的实施、开发过程中油气水在地下的活动规律均具有十分重要的影响，因此地层水特征的刻画也成为本次油气水系统研究的重要内容之一。地层水在本书中主要指边水和底水。对研究区目的层 27 块水分析样品数据统计分析（表 4-1），地层水中阳离子以（$Na^+ + K^+$）占明显优势，其质量浓度为 184～667mg/L，阴离子（HCO_3^-）明显占优势，其质量浓度为 183.06～1403.5mg/L。该区地层水属于 $NaHCO_3$ 型水，总体反映了一种介于封闭与开启之间的有一定自由交替水存在的半封闭环境。研究区地层水矿化度含量低，质量浓度集中分布在 547.62～2386.2mg/L 之间。

表 4-1 辽河盆地西部凹陷某区于楼油层 yⅠ 油层组水分析数据特征

序号	井号	层位	钠离子+钾离子（mg/L）	镁离子（mg/L）	钙离子（mg/L）	氯离子（mg/L）	硫酸根（mg/L）	碳酸根（mg/L）	碳酸氢根（mg/L）	总矿化度（mg/L）	总硬度	总碱度	水型	pH值
1	J021-243	yⅠ	363.4	3.65	6.01	141.84	19.21	150	427.14	1111.25	30	600.6	NaHCO₃	8
2	J021-243	yⅠ	322	6.08	10.02	88.65	24.02	60	610.20	1120.97	50.1	600.6	NaHCO₃	7
3	J026-260	yⅠ	241.5	13.38	42.08	106.38	33.62	90	427.14	954.10	160.2	500.5	NaHCO₃	7
4	J26-270	yⅠ	478.4	2.43	12.02	177.30	52.83	150	640.71	1513.69	40	775.7	NaHCO₃	8
5	J25-250	yⅠ	310.5	7.30	34.07	88.65	14.41	120	549.18	1124.11	115.1	650.6	NaHCO₃	7
6	J022-243	yⅠ	370.3	2.43	16.03	106.38	4.80	60	732.24	1292.18	50.1	700.6	NaHCO₃	7
7	J025-23	yⅠ	437	4.86	2	70.92	24.02	0	1037.34	1576.10	25	850.8	NaHCO₃	6
8	J24-X32	yⅠ	312.8	3.65	6.01	106.38	9.61	180	305.10	923.55	30	550.5	NaHCO₃	7
9	J23-290	yⅠ	239	3.65	8.02	106.38	28.82	60	335.61	781.68	35	375.4	NaHCO₃	6
10	J022-263	yⅠ	423.2	3.65	16.03	124.11	24.02	120	701.73	1412.70	55.1	775.7	NaHCO₃	7
11	J021-31	yⅠ	653.2	1.22	12.02	124.11	4.80	120	1311.93	2227.28	35	1276	NaHCO₃	6
12	J021-31	yⅠ	501.4	7.30	14.03	141.84	28.82	60	1006.83	1760.24	65.1	925.9	NaHCO₃	7
13	J021-31	yⅠ	466.9	3.65	18.04	124.11	24.02	150	884.79	1671.51	60.1	875.8	NaHCO₃	7
14	J21-270	yⅠ	499.1	3.65	22.04	159.57	28.82	270	549.54	1532.70	70.1	900.8	NaHCO₃	6
15	J21-270	yⅠ	370.3	8.51	4.01	106.38	24.02	150	518.67	1183.89	45.1	675.6	NaHCO₃	7
16	J20-270	yⅠ	542.8	3.65	12.02	106.38	24.02	240	793.26	1722.13	45.1	1051	NaHCO₃	8
17	J24-270	yⅠ	604.9	4.86	14.03	195.03	19.21	180	945.81	1963.84	55.1	1076	NaHCO₃	6
18	J24-270	yⅠ	604.9	4.86	14.03	195.03	19.21	180	945.81	1963.84	55.1	1076	NaHCO₃	6
19	J22-270	yⅠ	453.1	1.22	12.02	106.38	19.21	210	610.20	1412.13	35	850.8	NaHCO₃	8
20	J24-281	yⅠ	271.4	6.08	18.04	106.38	33.62	90	396.63	922.15	70.1	475.4	NaHCO₃	7
21	J024-26	yⅠ	395.6	1.22	14.03	124.11	24.02	90	671.22	1320.20	40	700.6	NaHCO₃	5
22	J24-251	yⅠ	561.2	8.51	22.04	124.11	57.64	60	1189.89	2023.39	90.1	1076	NaHCO₃	6
23	J24-251	yⅠ	667	8.51	28.06	106.38	52.83	120	1403.46	2386.24	105.1	1351	NaHCO₃	8
24	J27-290	yⅠ	469.2	8.51	10.02	336.87	28.82	90	518.67	1462.09	60.1	575.5	NaHCO₃	5
25	J27-321	yⅠ	184	1.22	4.01	70.92	14.41	90	183.06	547.62	15	300.3	NaHCO₃	6
26	J25-301	yⅠ	273.7	7.30	2	230.49	52.83	30	244.08	840.40	35	250.2	NaHCO₃	6
27	J026-300	yⅠ	243.8	9.73	20.04	53.19	19.21	30	579.69	955.09	90.1	525.5	NaHCO₃	7

注：水分析时间为 2001—2002 年，样品总数为 27 块。

第五节　油水分布规律特征

油气藏的形成经历了漫长的地质历史，油气水在连通的油藏内总是处于相对稳定的平衡状态，按密度呈重力分异状态分布，即自上而下按气（过饱和油藏）、油、水分段分布，自然存在气油、油水或气水界面（裘怿楠等，1996）。通过认识不同界面的位置，可以确定油气水在空间的分布范围和规律，为储量计算和开发部署决策等提供依据。

一、油水界面的确定

油水界面的确定是精细油藏描述中计算储量时必须首先要完成的工作。赵争光等（2013）利用共等值线抽道集叠加识别油气水界面，该方法基于三维地震波形叠加，通过叠加油气效应，放大由流体变化产生的振幅变化，识别出无显著地震响应的油气水界面。本书主要通过测压资料，确定油水等不同地层流体的压力梯度线的交点，即地层流体界面的位置。从重复式地层测试资料（RFT）上看（图4-6），J013-195井和J10-195井的地层压力在1060m深度发生大的变化，而J24-310井的地层压力在深度1020m处发生突变，证实在上述深度附近存在油水界面，界面上下为不同的压力系统。而J24-K241井在深度1030m以浅，压力没有大的变化，油水界面深度应该大于1030m。综合分析，研究区目的层yI油组不同油藏油水界面大致在1020～1060m之间。由于研究区为岩性—构造油藏，因此油藏油水界面为一个区间取值，而非某一个固定值，即统一的油水界面。

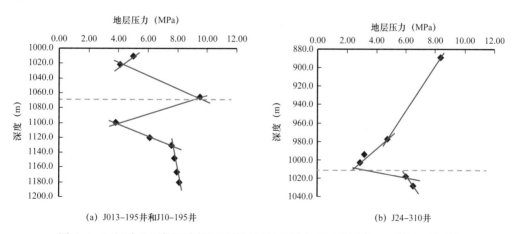

(a) J013-195井和J10-195井　　　　　　(b) J24-310井

图4-6　辽河盆地西部凹陷某区于楼油层地层压力剖面特征（RFT资料，垂深）

二、油气水剖面分布特征

根据储层测井精细二次解释的成果，绘制了研究区目的层油藏剖面（图4-7）。从中可以看到，目的层油层厚度大，延伸范围较广。研究区目的层为北东—南西向发育的单斜，在岩性和构造作用的共同控制之下，发育一系列油藏。受沉积作用控制，平行物源方向，砂体连通性好，油层连续性好。垂直物源方向，砂体连通性差，油层连续性差。将测井精细二次解释的成果与沉积微相分类结果对比分析，油层主要对应水下分流河道和河口沙坝沉积，而部分水下分流河道间砂沉积物性较差，不含油，对应干层。水层位于目的层下部，也是以水下分流河道和河口沙坝沉积为主。水下分流河道沉积和河口沙坝沉积形成的油藏没有太大区别，只是在开发时注意正韵律和反韵律的问题即可。单油层厚度最大超过 5m，小的只有 1~2m，窄薄油层在井间的连续性明显差于厚油层。

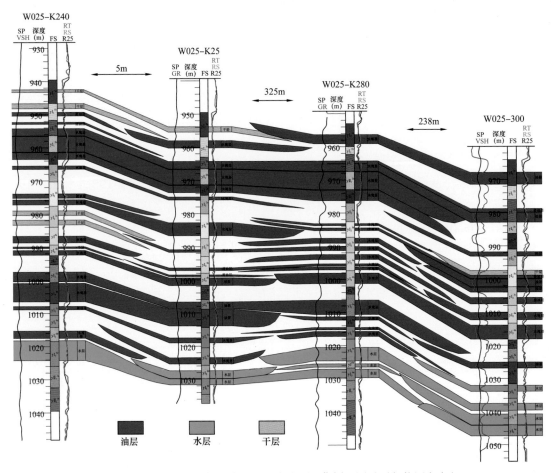

图 4-7　辽河盆地西部凹陷某区于楼油层油藏剖面图（平行物源方向）

三、油水平面分布规律

根据测井精细解释的成果，绘制了不同单层油水层分布特征（图 4-8、图 4-9），总体上研究区含油性较好，油层大面积分布，局部分布有厚度较薄的干层，干层呈坨状分布。目的层主要为边底水油藏，因此自上而下，油层逐渐减少，水层逐渐增多。在目的层下部，水层逐渐连片分布，特别是在研究区东部，表现得尤为突出。图 4-8 和图 4-9 中饼状图的大小代表的是该井油层的厚度。从平面图上看，在较短的距离内，油层厚度就可以发生较大的变化。同时，同一口井纵向上油层和干层交互存在，流体性质变化较快，这也在一定程度上体现了扇三角洲前缘沉积储层非均质性较强的事实。

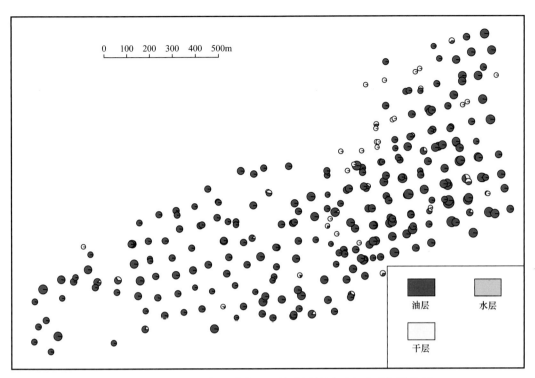

图 4-8　辽河盆地西部凹陷某区于楼油层单层 yI_1^{1a} 含油气性特征

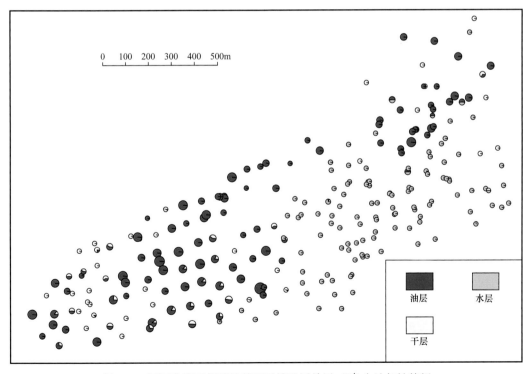

图 4-9　辽河盆地西部凹陷某区于楼油层单层 yII_1^{1a} 含油气性特征

第六节　油田开发对油气水系统的影响及相应开发对策

地下的油气水系统分布十分复杂，究其原因，一方面受构造分布特征的影响和控制，另一方面受储层非均质性的影响。随着注水或者注汽等开发措施的实施，地下油气水系统的分布规律发生变化，进一步复杂化，例如底部油层发生水淹等。在油气田开发中，进行油气藏油气水系统地质成因分析，可以从成因角度深刻认识油气水系统的分布规律，为油气田后续各种开发措施的实施提供参考。

一、水淹层分布特征

作为一种在油气田高含水期剩余油表征的重要手段，测井水淹层解释一直是众多研究者关注的焦点。水淹层测井解释是通过井筒采集地层信息最多，覆盖面最广，采样密度最大，最能实时反映地层条件下各项参数的技术，是监测静态和动态含油饱和度的主要手段（赵培华，2003）。本书结合测井资料精细解释的成果，对水淹层在研究区目的层的分布特征进行了总结，绘制了相关的图件（图4-10、图4-11）。图4-10和图4-11中饼状图的大小代表油层或水淹层在该单层中的厚度大小，从图中可以看到，水淹层主要集中在研究区右半部分，而研究区左半部分区域水淹层很少分布；原因主要是研究区右半部分区域开发要早于其他区域，井网更密，目前处于蒸汽驱试验阶段，开发过程中边底水上窜造成水淹。研究区目的层29个单层中其他单层也有类似的规律。只是越接近目的层底部，水淹越严重。这在一定程度上也证明，水淹主要是由边底水侵入所致。从平面上看，在很小的

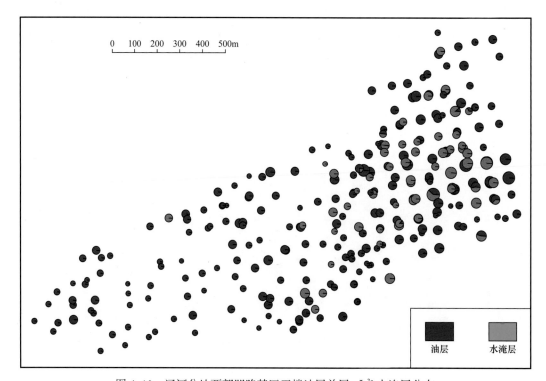

图4-10　辽河盆地西部凹陷某区于楼油层单层yI_2^{3a}水淹层分布

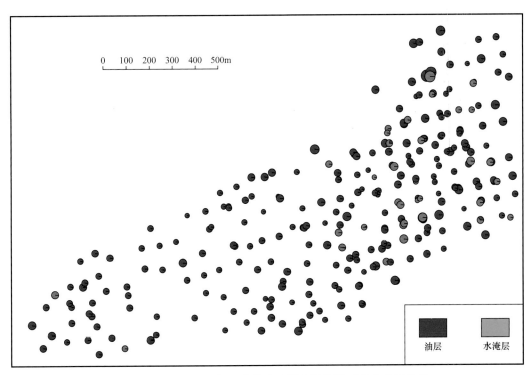

图 4-11　辽河盆地西部凹陷某区于楼油层单层 yI_2^{4a} 水淹层分布

井距内水淹层的厚度就会发生较大的变化，这一方面是因为储层受沉积作用和构造作用的影响，具有较强的非均质性，另一方面也有工程上的因素，但总体上以前者的影响为主。

二、油田开发中考虑油气水系统的对策分析

随着油气开发工作的进展，地下温度、压力等条件随之发生变化，因此油气水系统也相应发生变化。面对这些变化，研究者应该在设计实施各种提高石油采收率措施时，充分考虑到油藏油气水系统的影响。笔者认为应该充分做到以下几点：（1）研究区目的层水层主要位于下部，厚度大而且延伸范围较广，因此在进行蒸汽驱时应该特别注意射孔层位的选择和注入压力的大小控制，防止底水上窜，油层发生水淹；（2）在蒸汽吞吐转蒸汽驱或井网加密调整开发时，参考油藏剖面特征，充分考虑到扇三角洲前缘沉积储层非均质性强的特点，保证同一井组注采井之间有较好的对应关系；（3）蒸汽吞吐和蒸汽驱热采过程使得油气水在地下储层内的运移路径和运移规律进一步复杂化，在注蒸汽时应该充分考虑到地层沉积的韵律性，地质和开发紧密结合，扩大波及体积，提高驱油效率，即充分重视储层地质成因分析相关研究；（4）通过典型试验区块储层构型精细解剖等研究，建立研究区目的层不同储层构型规模定量化数据库和沉积模式，为井网加密和注采井调整提供依据。

油气水系统是一个动态系统，受多种因素的影响。它随着油气田开发的进展，不断发生变化。在研究时应该坚持利用动静结合的思维综合分析，以获得客观真实的认识和结论。

第七节 小 结

（1）辽河盆地西部凹陷于楼油层含油性好，岩心以油砂和含油为主，有效储层物性下限值分别为孔隙度 28% 和渗透率 30mD。随着原油密度的增大，原油黏度逐渐增大，原油含蜡量与原油密度之间相关性不明显。原油黏度增大，胶质和沥青质也随着增大。随着原油密度的增大，胶质和沥青质的含量也逐渐增大。研究区原油密度较大，14 块样品中多数大于 $0.97g/cm^3$，原油黏度多大于 5000mPa·s，含蜡量较低，最大达到 4%，多数小于 2.5%，胶质和沥青质含量较大，均在 38% 以上。

（2）辽河盆地西部凹陷于楼油层地层水为 $NaHCO_3$ 型，偏碱性。yI 油组不同油藏油水界面大致在 1020～1060m 之间。油层受沉积和构造共同控制，单油层厚度最大超过 5m，小的只有 1～2m。

（3）辽河盆地西部凹陷于楼油层边底水对开发具有十分重要的影响作用。在设计实施各种提高石油采收率措施时，应充分考虑到油藏油气水系统的影响：① 在进行蒸汽驱时应该特别注意射孔层位的选择和注入压力的大小控制，防止底水上窜，油层发生水淹；② 开发时充分考虑到扇三角洲前缘沉积储层非均质性强的特点，保证同一井组注采井之间具有较好的对应关系；③ 在注蒸汽时应该充分考虑到地层沉积的韵律性，地质和开发紧密结合，扩大波及体积，提高驱油效率；④ 通过典型试验区块储层构型精细解剖等研究，建立研究区目的层不同储层构型规模定量化数据库和沉积模式，为井网加密和注采井调整提供依据。

第五章　油气田开发中油气藏地质成因分析应用

　　油气藏地质成因分析存在于油气田开发的各项工作中，地质成因分析的准确与否直接关系到油气藏成因认识的准确性，因此在工作中应该充分重视。本书从高分辨率层序地层学精细划分地层中的地质成因分析、储层沉积成因类型对构型研究的影响、火山岩储层不同类型岩相对储层物性的影响、储层渗流屏障地质成因认识、精细油藏描述中地质成因分析基础上沉积微相建模和储层地质体分类评价等多个方面，通过松辽盆地徐东地区营城组一段火山岩、准噶尔盆地西北缘砂砾岩和辽河盆地砂岩油气藏等研究实例，介绍了油气田开发中油气藏地质成因分析的重要意义和具体应用。

第一节　高分辨率层序地层学精细划分地层

　　地层精细划分与对比是油气田开发工作最基础的研究内容之一（夏位荣等，1999；张金亮等，2011；陈欢庆和朱筱敏，2008），一直受到众多研究者的重视。随着开发工作的不断深入，我国东部油气田大多进入高含水的开发中后期阶段，需要实施分层注水（汽）、井网加密调整等剩余油挖潜和提高石油采收率的开发措施，这就要求建立更高精度的等时地层格架，为上述措施顺利实施提供坚实的地质依据，而传统的"旋回对比、分级控制"方法已经很难满足生产实践的需要（A. Martín-Izard等，2009）。这就需要寻找一种能够突破传统理念，打破常规的先进技术和方法，建立更为精细的地层格架，而高分辨率层序地层学正是这样一种方法。它可以将地层精细划分至小层，甚至单层，建立满足开发中后期剩余油挖潜和提高石油采收率等生产实践需求的高精度等时地层格架（邓宏文等，2002；郑荣才等，2010）。本书以辽河盆地西部凹陷西斜坡南端某试验区为例，从5个方面探讨了高分辨率层序地层学在油气田开发地层精细划分中应用的几个关键问题。工区和研究层位基本地质概况在本书第三章第二节中有详细介绍，在此不再赘述。

一、沉积成因指导高分辨率层序地层学研究

　　在我国，陆相沉积成因的地层占主导地位（裴伟楠等，1997），不同的沉积环境决定了相应的沉积产物和沉积特征，这些特征在地层中均有充分的反映。在进行地层划分与对比时，首先应该对地层在空间上的发育展布规律有初步的认识，而要实现这一点，就得充分认识研究区目的层的沉积相类型，甚至沉积微相类型。例如，对于靠近物源区的冲积扇体而言，由于物源冲出山口，在山前地带快速沉积，沉积地层的厚度可以在较短的距离内发生较大的变化。后期加之成岩作用过程中的差异压实作用等影响，导致地层厚度的变化进一步加剧，这一点在地层划分与对比时应该充分意识到。而对于平原区的河流沉积而言，由于地势平缓，沉积相变缓慢，地层沉积比较平稳，地层厚度在空间上的变化较小，

多套砂体叠置，因此在进行地层划分与对比时就可以使用"等高程切片对比"方法。本节中目的层属于扇三角洲前缘沉积，沉积过程中水下分流河道分流改道频繁，而且后期河道对前期河道沉积削蚀改造严重，导致地层在空间上变化较大，而且除了 yⅠ 油组顶部、yⅡ 油组底部和 yⅠ 与 yⅡ 油组之间的泥岩外，其余部位泥岩分布不太稳定。加之构造断裂发育，地层在断层附近破碎，给地层划分与对比带来了很大的困难。本书借鉴经典的扇三角洲前缘沉积模式（Galloway 等，1983；图 5-1），充分认识到地层厚度在空间上变化较大的特征，开展高分辨率层序地层学研究，建立目的层高精度等时地层格架。

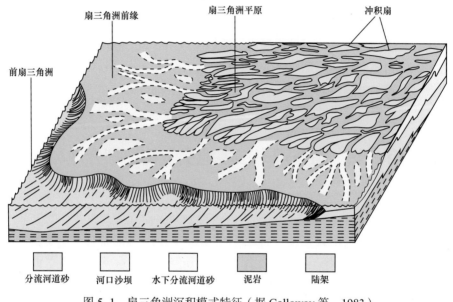

图 5-1　扇三角洲沉积模式特征（据 Galloway 等，1983）

二、生产实践需求决定地层划分对比方案

在进行高分辨率层序地层学研究时，第一步就是确定地层划分与对比的方案和划分精度级别，而划分方案和精度级别是由生产实践需求决定的，因为开展地层等时划分与对比工作的最终目的就是要满足生产实践的需求。在油气田开发的不同阶段，对地层划分的精细程度要求是不同的。油气田开发初期，可能地层划分至油层组或者小层就可以满足开发的需求；而到了开发中后期，特别是分层注水（注汽），封堵水（汽）窜的水流优势通道、剩余油挖潜等工作开展，需要分层精细至单砂体所对应的单层，高分辨率层序地层学的作用逐渐凸显。因为只有充分利用高分辨率层序地层学理论和方法技术，划分出短期基准面旋回所对应的五级沉积旋回，即单层界限，才能为单砂体的精细刻画提供基础，满足开发调整工作的需求，而传统的地层划分与对比方法目前还无法做到这一点。对于研究区目的层而言，由于目前油田生产中面临的主要问题是稠油蒸汽吞吐热采进行至后期，产量和压力下降，亟需开展蒸汽吞吐转蒸汽驱开发方式的转换，以提高稠油采收率，挖潜剩余油。因此需要将油田目前正在使用的小层级别的分层方案进一步细分，划分至单层级别（对应五级沉积旋回或五级层序），刻画单砂体。具体的做法就是首先根据地震资料，确定区域分布的标志层，然后通过地震层速度标定和制作合成地震记录，井震结合相互验证和修

改，建立大尺度的等时地层格架。在大尺度的等时地层格架内部，主要依靠井资料，即测井曲线形态的变化、岩心、沉积旋回、流体性质等信息，在关键井上通过对不同级次基准面旋回的识别细分地层，然后通过骨架剖面网推广至全区，实现地层的精细划分与对比，将目的层细分至单层，建立全区高精度等时层序地层格架。

研究中必须明确单层的概念，单层为一个相对独立的储油（气）砂层，上下有隔层分隔，砂层内部构成一个独立的流体流动单元（裘亦楠等，1997）。在高分辨率层序地层分析过程中，地层精细划分方案的确定也是研究的关键和重点之一，本书将地层划分至单层级别，笔者认为单层划分方案的确定主要依据以下原则：（1）超过 50% 的单层划分结果中只发育 1 套单砂体；（2）单层中砂体的厚度整体上不超过单期河道砂体的最大厚度，以保证纵向上叠置的砂体被分开；（3）进行单层划分时井网的密度要达到一定的程度，要能保证在侧向上接近或小于单河道的宽度，保证将不同单期河道划分开；（4）单层分层界限多对应电导率曲线最大值，指示湖泛面的位置；（5）单层划分的地质年代大体对应于距今 0.03Ma 左右；（6）单层划分的结果大体对应高分辨率层序地层学中短期基准面旋回；（7）单层划分结果基本对应 Vail 经典层序地层学中五级层序的级别；（8）在非取心井上，多数单层的界限可以参考关键井短期基准面旋回响应模型划分出（短期基准面旋回的划分在非取心井上可操作）。值得一提的是，单层划分的方案并不是简单确定的，需要观察测井曲线的形态、沉积旋回等多种信息，确定初步方案，然后通过关键井，推广至骨架剖面网上的井，如果有问题，对方案进行修改，再推广至骨架剖面网，如此反复，直到最终确定。

结合研究区生产实践的要求，本书采用目前使用最为广泛的长期基准面旋回、中期基准面旋回和短期基准面旋回的分类体系。目的层古近系沙河街组一段于楼油层沉积期大体对应距今 1.2Ma（郑荣才等，1999），本书将其进一步细分为 yI 和 yII 等 2 个长期基准面旋回，这 2 个长期基准面旋回可以进一步细分为 yI_1^1、yI_1^2、yI_2^3、yI_2^4、yI_3^5、yI_3^6、yII_1^1、yII_1^2、yII_2^3、yII_2^4、yII_3^5 和 yII_3^6 等 12 个中期基准面旋回，这些中期基准面旋回又可以进一步细分为 yI_1^{1a}、yI_1^{1b}、yI_1^{2a}、yI_1^{2b}、yI_1^{2c}、yI_2^{3a}、yI_2^{3b}、yI_2^{3c}、yI_2^{4a}、yI_2^{4b}、yI_2^{4c}、yI_3^{5a}、yI_3^{5b}、yI_3^{5c}、yI_3^{6a}、yI_3^{6b}、yI_3^{6c}、yII_1^{1a}、yII_1^{1b}、yII_1^{2a}、yII_1^{2b}、yII_2^{3a}、yII_2^{3b}、yII_2^{4a}、yII_2^{4b}、yII_3^{5a}、yII_3^{5b}、yII_3^{6a}、yII_3^{6b} 等 29 个单层，分别对应 29 个短期基准面旋回。

三、井震资料紧密结合是高分辨率层序地层学研究基础

钻井资料和地震资料是地层划分与对比研究中两项最基本和最重要的资料，前者可以提供井点范围内纵向上地层发育较为准确的详细信息，后者的优势体现在对地层在宏观发育特征上的刻画。在油气勘探相关研究中，由于钻井资料较少，工作中对地震资料的重视程度要更高一些，而随着油气勘探开发研究工作的深入，钻井资料的逐渐丰富，以及油气田开发工作对于工作精细程度要求的不断提高，钻井资料的重要程度逐渐凸显；而在利用高分辨率层序地层学研究建立适用于油气田开发中后期高精度的等时地层格架工作中，必须要将上述两类资料充分结合。

首先应该对区域性的标志层在地震剖面上进行追踪和识别，以避免油气田开发地层精细划分与对比过程中常见的地层"穿时"的错误。同时通过地层速度标定或者合成记录

标定等，可以将这些区域性的标志层标定在井上，实现地层对比的井震标定，为井上地层的划分与对比提供约束（图 5-2）。具体到本书中，首先是地震资料区域性标志层的识别，目的层于楼油层共发育 3 套区域性的标志层，即于楼油层的顶部、于楼油层的底部以及 yI 油组和 yII 油组的分界线等。其中于楼油层的顶部发育一套泥岩，与上覆的东营组底部的一套玄武岩之间界限明显，在地震剖面上表现为一套强反射。于楼油层的底部以及 yI 油组和 yII 油组的界限都是一套区域发育稳定的泥岩，在地震剖面上表现为一套较强反射，反射的强度弱于于楼油层的顶部。这 3 套区域分布的标志层在井上也有明显的反映，于楼油层的顶部（东营组的底部），表现为一套玄武岩，深灰色，低感应，低时差，自然电位平直；yI 油组和 yII 油组之间为一套"钟形"泥岩，岩性为灰色泥岩，低感应，高时差，自然电位平直，感应及电阻率曲线一般为钟形；于楼油层的底部发育一套"漏斗"泥岩，是于楼油层和兴隆台油层的分界线。特低感应，形态呈"漏斗状"，高时差，自然电位平直。通过地震层速度资料标定，可以将地震识别标志层的结果推广至井上，然后经过井上上述标志层识别结果的验证和修改，最终实现井震统一和大尺度等时地层格架的建立。有了大尺度等时地层格架基础，就可以进行目的层单层级别的细分。在井震结合层序研究过程中，可能会出现井资料划分层序结果与地震资料不一致的情况，分析其原因主要是资料精度及两者划分层序的依据不同所致，地震地层学主要依据不整一反映的不整合现象；而钻井划分层序受化石带精度限制，主要依据岩性和电性组合来进行，但这种局部不整合上、下往往并无显著的岩—电变化，所以井资料的岩—电划分层序往往会错过不整合。地震层序是年代地层单元，岩—电分层一般是岩性—地层单元，它们的性质一般是不相容的，当两种细分层序的方法出现无法解决的矛盾时，选择以地震资料为主（陈欢庆等，2009）。

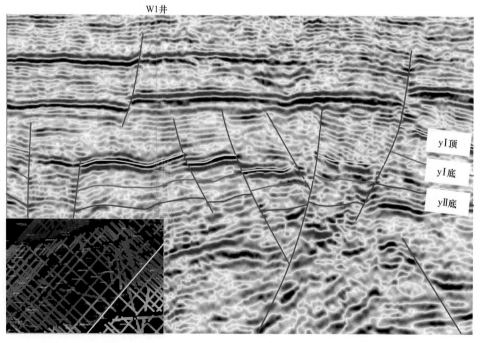

图 5-2　辽河盆地西部凹陷某区于楼油层井震结合大尺度层序地层格架的建立

四、关键井不同级次基准面旋回响应模型的建立是高分辨率层序地层学研究核心问题之一

关键井不同级次基准面旋回响应模型的建立是核心问题之一（图5-3），因为受资料研究精度的制约，地震资料无法实现单层的划分。高分辨率层序地层学分析的本质，就是对不同级次的基准面旋回的识别和划分。目前关于基准面旋回的分类方案有多种（邓宏文等，2002；郑荣才等，2010）。研究区共有单井近400口，在井上主要是依靠电导率曲线寻找短期基准面旋回的转换点，即湖泛面的位置。所谓基准面，是一个相对于地表起伏的连续的势能面，而不是物理界面，它反映了地球表面与力求其平衡的地表过程间的不平衡程度。一个成因层序是在一个增加和减少可容纳空间的基准面旋回期间堆积的沉积物进积／加积的地层单元，一个成因层序的半旋回边界发生在基准面上升到下降或下降到上升的转换位置。不论规模的大小，每种规模的基准面旋回导致的地层旋回都是时间地层单元，因为它们是在基准面旋回变化期间由成因上有联系的沉积环境中堆积的地层记录构成的。由于基准面旋回运动在地表之下时产生剥蚀作用，基准面旋回所经历的全部时间由地层（岩石）记录和沉积间断面组成。因此，多级次基准面旋回的识别与划分是高分辨率地层格架建立的基础（邓宏文等，2002）。

具体到本书中，就是依靠电导率曲线寻找湖泛面的位置。辽河盆地西部凹陷，由于受物源补给中母岩成分中放射性物质的影响，对岩石含砂量较敏感的自然伽马曲线在这里对砂泥岩和由于含砂量变化产生的旋回性并不十分明显，而感应曲线是常选择的测井序列之一（邓宏文等，2002）。实践中首先依靠电导率曲线识别不同级次的湖泛面（特别是短期基准面的转换点，即5级层序界面），同时参考自然电位、电阻率、声波时差以及密度等测井曲线特征（取心井还要参考岩心在纵向上的不同旋回组合特征以及不同岩性之间的变化关系等），建立关键井的中期基准面旋回和短期基准面旋回响应模型（图5-3），来划分基准面旋回，特别是短期基准面旋回，然后通过骨架剖面，推广至全区，最终实现单层的划分与对比。当然，在关键井上划分短期基准面旋回时还应该参考岩心在纵向上的组合特征，在提高基准面旋回识别准确性的同时，消除测井曲线由于仪器、人为等因素产生的系统误差。关键井不同级次基准面旋回响应模型的建立是高分辨率层序地层学理论与方法在油气田开发地层划分中成功应用的关键。

五、传统地层划分对比方法是高分辨率层序地层学有益补充

这里需要特别指出的是，高分辨率层序地层学与传统的"旋回对比、分级控制"方法是不矛盾的，高分辨率层序地层学是对传统地层划分与对比方法的发展和完善，而且在高分辨率层序地层学研究中，更多地体现了地层成因的含义，使得地层划分与对比的结果更加科学可信。传统的地层划分与对比研究中的标志层对比、沉积旋回特征、测井曲线形态变化、储层流体性质改变等可以与高分辨率层序地层学紧密结合、相互印证和补充，更好地实现地层的精细划分与对比（图5-4）。以标志层为例，在于楼油层的顶部和底部，以及于楼油层中部yⅠ和yⅡ油组之间，发育比较稳定的大面积分布的泥岩，可以作为区域性的标志层，这些标志层的存在，保证了大尺度等时地层格架的准确性，为运用高分辨率层

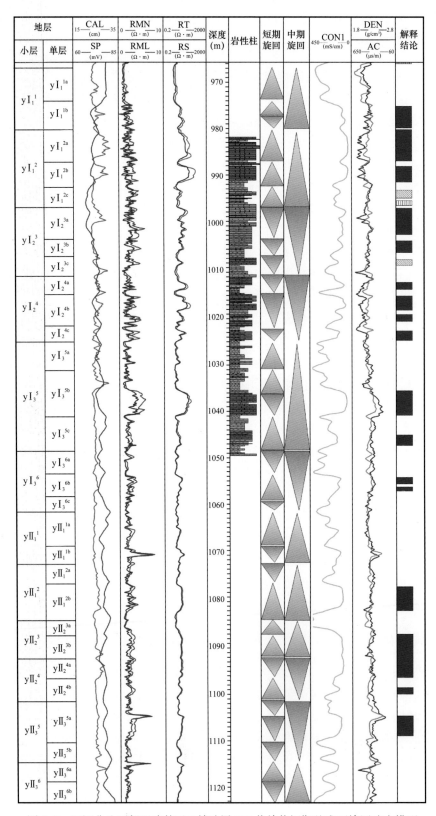

图 5-3　辽河盆地西部凹陷某区于楼油层 W2 井单井短期基准面旋回响应模型

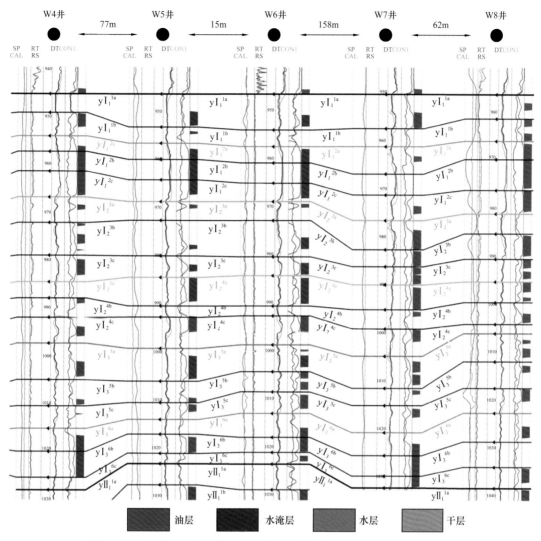

图 5-4 辽河盆地西部凹陷某区于楼油层单层高分辨率层序地层分析结果

序地层学进一步精细划分对比地层提供了坚实的基础。同样，流体性质的变化也可以为非取心井单层的划分提供有益的帮助。总体而言，开发阶段的地层精细划分与对比是一项多信息综合的工作，需要将高分辨率层序地层学研究方法和技术与传统的地层划分对比方法紧密结合起来。

解决了上述 5 个方面的关键问题，就可以利用高分辨率层序地层学方法完成油气田开发研究中地层精细划分与对比的工作。本书根据地层划分与对比的结果，绘制了不同单层的地层厚度平展展布特征图（图 5-5）。从单层 yI_1^{1a} 和单层 yI_1^{1b} 厚度平面展布图上看，地层厚度大体呈北西—南东向条带状发育，这与研究区目的层主物源方向来自北西方向一致；局部高值部位呈坨状，主要受沉积作用中水下分流河道频繁分流改道和后期的成岩作用过程中差异压实等作用影响。其余 27 个单层的地层厚度平面展布图特征基本与上述 2 个单层一致，只是地层厚度在不同的位置有所变化，这种地层展布特征也在一定程度上为本次地层精细划分与对比结果的正确性提供了佐证。

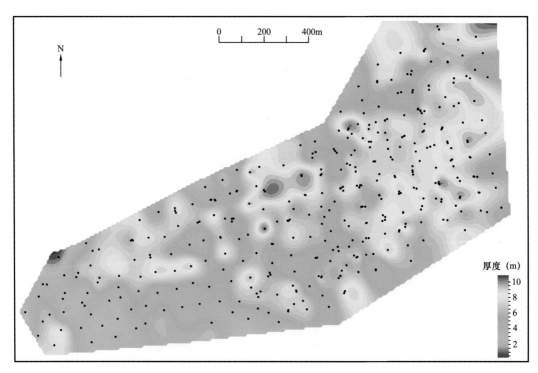

(a) 单层yI₁¹ᵃ厚度平面展布图

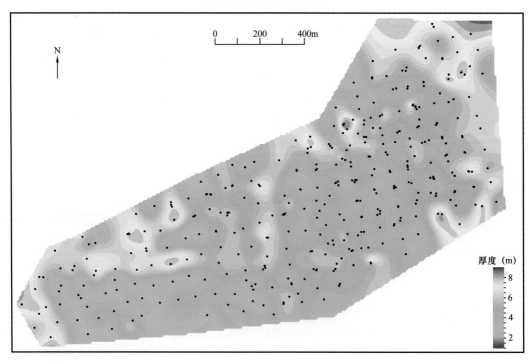

(b) 单层yI₁¹ᵇ厚度平面展布图

图 5-5 辽河盆地西部凹陷某区于楼油层 yI_1^1 小层两个单层地层厚度平面展布特征图

第二节 砂砾岩储层沉积成因类型对构型的控制和影响作用

储层构型特征能有效反映储层非均质性、连通性等属性，对油田开发具有较强的控制作用（陈欢庆等，2015），因此构型表征目前已成为油田开发十分重要的研究内容之一。而沉积相研究，特别是储层沉积成因分析又是储层构型研究的基础。冲积扇是山区河流注入盆地时在山前盆地带快速堆积而形成的扇状粗碎屑堆积体（Galloway 等，1983；梅志超，1994），在空间上是一个沿山口向外扩展的巨大锥形沉积体，锥体顶端指向山口，锥底向着平原，其延伸长度可达数百至百余千米；在纵向剖面上，冲积扇呈下凹透镜状或楔形，横向剖面上呈凸形，其表面坡度在近山口的扇根处可达 5°～10°，远离山口变缓为 2°～6°（朱筱敏，2008）。冲积扇在中国准噶尔盆地二叠系和三叠系、酒泉盆地的白垩系、渤海湾盆地古近系和新近系均有发育（姜在兴，2003）。准噶尔盆地西北缘克拉玛依油田西邻扎依尔山，呈北东—南西条带状，长约 50km，宽约 10km，属单斜构造，自西北向东南阶梯状下降；油区断裂发育，根据断裂切割情况分为 9 个区和若干个开发断块，其中 6 区为此次研究区域。三叠系下克拉玛依组和上克拉玛依组为主要的含油层系，其中下克拉玛依组分为 S6、S7 砂层组，本书研究目的层为 S6^3、S7^1、S7$^{2-1}$、S7$^{2-2}$、S7$^{2-3}$、S7$^{3-1}$、S7$^{3-2}$、S7$^{3-3}$ 和 S7^4 等 9 个小层。下克拉玛依组埋藏深度为 350～850m，地层厚度为 50～70m。研究区共有 1085 口油、水井，平均井距约 110m（郑占等，2010）。前人对准噶尔盆地西北缘冲积扇的研究认为，该地区的冲积扇属于干旱型（姜在兴，2003；庞雯等，2004；鲍志东等，2005；刘太勋等，2006；黄彦庆等，2007；朱筱敏，2008；吴胜和等，2008；宋子齐等，2008；郑占等，2010；宫清顺等，2010；李国永等，2010；覃建华等，2010；高建，2011；宫广胜和高建，2011）。但是，从岩石学特征、沉积组分特点、沉积构造特征、结构成熟度、沉积旋回特征以及扇体规模等多方面分析认为，准噶尔盆地西北缘 6 区下克拉玛依组冲积扇应该介于湿润扇和干旱扇之间，属于过渡类型，是从湿润扇向干旱扇的过渡和演化。工区和研究层位基本地质概况在本书第三章第一节中有详细介绍，在此不再赘述。

一、冲积扇的分类及特点

目前公认的冲积扇有干旱扇和湿润扇 2 种类型（Galloway 等，1983；梅志超，1994；姜在兴，2003；朱筱敏，2008）。梅志超（1994）认为，一般润湿扇上发育有常年性的河流，并被有效的植被覆盖，但湿润扇的发育程度取决于周期性的洪水作用大小，因此其面积通常比干旱扇大得多，扇面的坡度也较低。泥石流的作用相对较弱，且主要限于扇首区；砾岩、砂岩的成熟度较高，煤和根土岩比较发育，而且碎屑颗粒呈现向下游变细的趋势，粗大砾石主要集中在扇首且多为碎屑支撑的块状层，砾石磨圆较好；扇中主要为砂岩、砂砾岩和砾岩的互层，砂岩主要为辫状河道砂岩，槽状及板状交错层理发育，局部见平行层理和沙纹交错层理。而与湿润扇不同的是，干旱扇是规模较小的锥形堆积体，在横向剖面上呈上凸状，纵向剖面呈下凹状；沉积物多呈红色，扇首缺乏内部构造，仅局部见叠瓦状砾石排列；泥石流沉积侧向分布广，槽洪沉积底部具侵蚀面，分选相对较好；扇中冲刷—充填构造发育，扇缘以砂质沉积为主。

二、准噶尔盆地西北缘下克拉玛依组冲积扇类型

1. 岩石学特征

选取研究区 11 口密闭取心井的岩心进行观察与描述，从取心井 J6（图 5-6a、b、c）和 J5（图 5-6d）岩心上的泥岩颜色看，$S7^4$—$S7^1$ 的岩心均为灰黑色、灰绿色或灰色，只有少数岩心表面受钻井液污染（没洗干净）呈现红色，指示当时的沉积环境并非氧化环境，而是还原环境。在部分井的 $S6^3$ 小层上，泥岩显示棕红色，指示氧化环境。因此，初步判定研究区目的层 $S7^4$—$S6^3$ 的沉积环境逐渐由还原环境变化为氧化环境，对应的冲积扇很可能是从湿润扇转变为干旱扇。

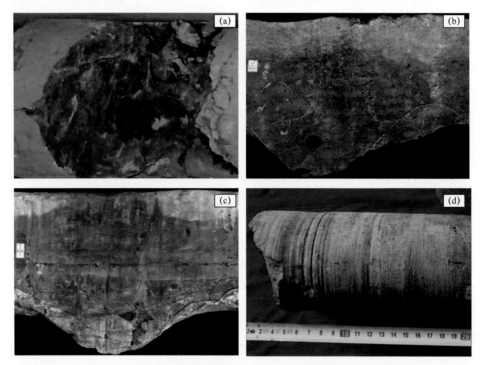

图 5-6　准噶尔盆地西北缘某区下克拉玛依组储层岩心特征

（a）棕红色泥岩，392.0～392.15m；（b）灰色泥岩（红色为钻井液），401.43～401.78m；
（c）灰色泥岩（红色为钻井液），392.18～392.48m；（d）深灰黑色泥岩，395.93～396.28m

2. 沉积物组分特征

$S7^4$—$S6^3$ 小层的所有岩心中都没有看到煤层和根土岩，因此认为研究区目的层的冲积扇并不是典型的湿润扇。但是，$S7^4$—$S7^1$ 小层的泥岩又都保持灰色或灰绿色等还原色，因此认为该区从 S7 至 S6 砂层组的冲积扇也不是典型的干旱扇，而应该是介于湿润扇和干旱扇的过渡类型。

3. 沉积构造特征

从取心井 J1（图 5–7a）和 J7（图 5–7b）岩心沉积构造看，研究区目的层的冲积扇冲刷—充填构造发育，反映的是干旱扇（而不是湿润扇）的特点，说明目的层不属于典型的湿润扇。观察取心井岩心 J7（图 5–8a）和 J3（图 5–8b）可知，板状交错层理、槽状交错层理等典型的沉积构造发育，反映的是典型的湿润扇特征，说明目的层的冲积扇也不是典型的干旱扇。因此，最合理的解释是目的层的冲积扇属于干旱扇和湿润扇的过渡类型，同时兼有这 2 种冲积扇的部分特征。

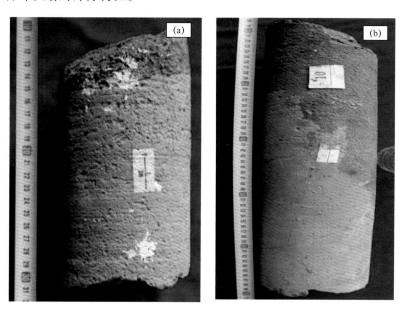

图 5–7　准噶尔盆地西北缘某区下克拉玛依组岩心冲刷—充填构造特征
（a）冲刷面，405.81～406.02 m ；（b）冲刷面，408.39～408.89 m

图 5–8　准噶尔盆地西北缘某区下克拉玛依组岩心层理构造特征
（a）槽状交错层理，418.92～418.98 m ；（b）板状交错层理，420.0～420.2 m

4. 结构成熟度

从取心井 J1 岩心可以看到，目的层砾岩大多分选差，结构成熟度低（图 5-9），不同于湿润型冲积扇（具有结构成熟度高的特点），应该不属于典型的湿润型冲积扇。

图 5-9　准噶尔盆地西北缘某区下克拉玛依组沉积物结构成熟度特征
（a）深棕褐色中砾岩，398.61～398.80m；（b）浅棕褐色砂质砾岩，402.40～402.51m

5. 沉积旋回特征

从研究区目的层的沉积旋回角度看，$S7^4$—$S6^3$ 表现为一套退积型的正旋回，说明目的层的冲积扇是退积型的，表明河流规模随着气候由湿润变为干旱而逐渐缩小，物源供给减少，冲积扇的规模也逐渐缩小。平面上同一位置，在下克拉玛依组最下部的 $S7^4$ 小层发育槽流砾石体、漫洪内砂体等粗粒沉积；在 $S7^{3-3}$、$S7^{3-2}$ 小层发育片流砾石体、漫洪外砂体等粗粒沉积。再往上，发育辫流水道、辫流砂砾坝、漫流砂体等沉积，粒度比 $S7^4$ 小层细。$S6^3$ 小层以水道间细粒为主，见薄层的径流水道，粒度比辫流水道和辫流砂砾坝等 4 级构型更细，说明研究区下克拉玛依组自下而上也是从粒度较粗的 4 级构型逐渐向粒度较细的 4 级构型变化。平面与剖面上的变化规律一致，$S7^4$ 沉积期为扇根的部位，在 $S7^2$ 沉积期已变成扇中沉积，至 $S6^3$ 沉积期则变成了扇缘沉积，冲积扇逐渐后退，从而证明目的层的冲积扇由湿润气候环境转变为干旱气候环境。

6. 扇体规模

研究区目的层扇体规模可以达到 99km²，干旱型冲积扇一般为面积较小的锥形体，扇体面积小于 100km²，湿润扇的面积相对更大（李庆昌等，1997；朱筱敏，2008）。相比之下，研究目的层的扇体规模基本位于干旱扇与湿润扇的分界位置，说明也可能是两者之间的过渡类型。从沉积物的特点看，由于研究区目的层的冲积扇介于湿润扇和干旱扇，规模相对较小，在扇缘缺乏砂质沉积，径流水道较少发育，规模也较小，厚度多小于 5m，宽度为 80～130m，仍以细粒的水道间泥质或粉砂质沉积为主（图 5-10）。总体上，研究区目的层的冲积扇应该属于湿润扇与干旱扇的过渡类型，具体属于湿润扇沉积晚期（S7 沉积期）—干旱扇沉积初期（$S6^3$ 沉积期）。

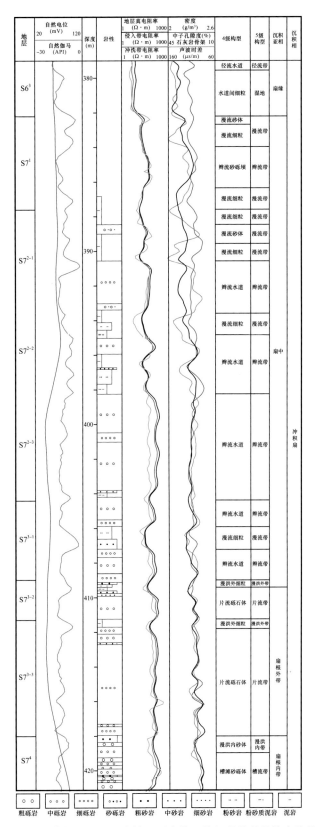

图 5-10　准噶尔盆地西北缘某区下克拉玛依组某井单井综合柱状图

三、冲积扇类型对油气开发的影响

冲积扇的类型归属不仅仅是一个科学问题，其对生产实践也起着至关重要的影响作用。从沉积成因上讲，S7沉积期冲积扇受河流作用控制，碎屑流（泥石流）主要限于扇根；S6³沉积期冲积扇碎屑流（泥石流）发育，但研究区属扇缘，还是以径流河道（水道间沉积，牵引流而非重力流）为主。冲积扇的类型对沉积砂体的形态起着十分重要的控制作用（梅志超，1994）。因为，湿润型的冲积扇河流作用更发育，因此其扇体以席状形态为特征，而干旱型的冲积扇以碎屑流占主导，其扇体多呈厚的楔状体（图5-11；梅志超，1994）。在研究区目的层砾岩储层油气开发研究中，砂体的形态至关重要。例如对在开发中十分重要的构型分析而言，砂体的形态对于砂体准确预测、井间砂体连通性分析、砂砾体构型在空间上的发育特征刻画等都具有十分重要的意义。对于湿润扇，主要以河流作用形成的席状砂体在空间上的连通性更好，由于主流线的存在，在注水开发时容易形成优势通道（金志勇，2009），注入水沿优势通道发生水窜，应该重视水淹的问题。对于干旱扇，主要以碎屑流形成的楔状砂体物性整体上很差，在空间上的连通性也差得多，注入水沿优势通道水窜的几率很小。因此在储层开发时，不同类型冲积扇所形成的沉积砂体要采取不同措施，区别对待。

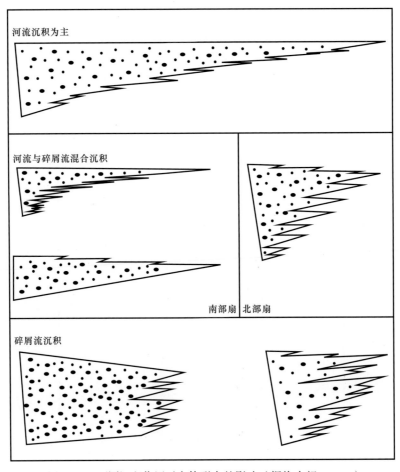

图5-11　不同沉积作用对扇体形态的影响（据梅志超，1994）

第三节　火山岩气藏岩相特征及其对物性的影响

火山岩油气藏在国外已有 120 年的勘探历史，随着世界范围内碎屑岩、碳酸盐岩油气勘探开发形势的日益严峻和伴随社会经济高速发展而来的油气消费量的急剧增加，火山岩油气藏的勘探开发逐渐引起了研究者的兴趣，由于其资源前景广阔，目前已成为研究的热点之一。火山岩相类型与储层发育特征之间关系密切，火山岩相研究是有利储层预测的关键（Hong Tang 和 Hancheng Ji，2004；Tomohisa Kawamoto 等，2000；徐正顺等，2006，2008；舒萍等，2007；黄薇等，2006；王璞珺等，2008；孙园辉等，2009；赵文智等，2008；冯玉辉等，2014；刘宗利等，2018）。本文通过对松辽盆地徐深气田徐东地区火山岩气藏储层岩相特征的研究，为气田有效开发提供地质依据。工区和研究层位基本地质概况在本书第二章第二节中有详细介绍，在此不再赘述。

一、火山岩的岩石类型

不同的火山岩相发育不同特征的火山岩岩性，因此，对于火山岩岩性的准确识别和划分就成为火山岩相分析中十分关键的工作（王郑库等，2007）。土郑库等（2007）利用物探方法、测井中的交会图技术、主成分分析法、地层元素俘获谱测井技术、成像测井技术、人工智能方法中的 BP 神经网络法、SOM 神经网络法等进行了评述，认为测井技术是获得储层物性参数的最佳方法。罗静兰等（2008）在火山岩岩性划分的基础上，结合火山喷发特征，对松辽盆地升平气田营城组火山岩相进行了识别。徐深气田徐东地区营城组一段火山岩储层为多期次喷发形成的，火山岩岩石类型繁多。在火山岩性的识别过程中，主要对一些关键井进行了岩心观察和显微镜下薄片观察（图 5-12），同时进行了测井岩性解释等工作。经鉴定该区目的层火山岩岩石类型有火山熔岩和火山碎屑岩等 4 大类、10 种岩性，分别是流纹岩、玄武岩、流纹质角砾熔岩、流纹质凝灰熔岩、流纹质熔结角砾岩、流纹质熔结凝灰岩、流纹质凝灰岩、流纹质火山角砾岩、沉凝灰岩和沉火山角砾岩等（图 5-12），其中以流纹岩、流纹质凝灰岩和沉火山角砾岩最为发育。

二、火山岩体的识别

火山岩体的识别始终是火山岩储层研究中一项重要研究内容（Tomohisa Kawamoto 等，2000；唐华风等，2007），Tomohisa Kawamoto 等（2000）在运用岩石学方法建立非均质火山岩储层地质模型研究中，进行火山岩储层地层划分时就开展过火山岩体识别和追踪的工作。受火山口分布位置和火山喷发旋回的共同控制，在同一火山喷发时期，形成众多形态各异，规模不同的火山岩体，这些火山岩体相互叠置和交错，在不同的部位发育不同的火山岩相，不同的火山岩相类型又共同构成了火山岩储层。由于火山口控制着火山岩体的发育位置和规模（当然也要考虑到地形等构造因素），因此在本书中首先进行井—震结合验证对比，找到火山口的位置，然后根据同一时期同一个火山岩体在地震剖面上反射特征相似、不同火山岩体叠置边界也表现为地震强反射或不同地震反射波组截然变化等特征（图 5-13），参考单井剖面火山岩性和电性特征进行火山岩体的识别（图 5-14），在此基础

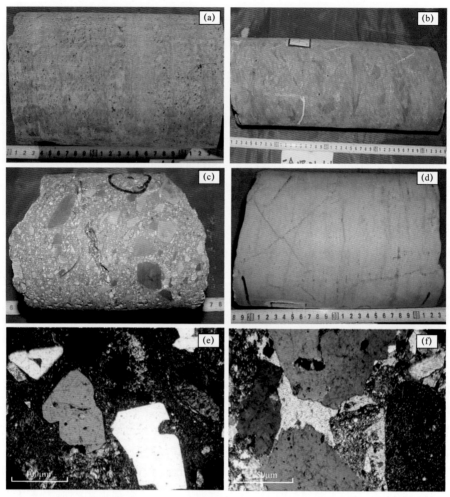

图 5-12 松辽盆地徐东地区营城组一段火山岩岩性岩心及镜下特征

（a）气孔流纹岩，XS14 井，3784.85～3785.53m；（b）角砾熔岩，XS21-1 井，3752.21～3752.68m；

（c）沉火山角砾岩，XS21，3836.62～3836.76m；（d）熔结凝灰岩，XS231，3760.00～3760.13m；

（e）晶屑凝灰岩，XS42，3702.06m；（f）火山角砾岩，XS24，3683.52m

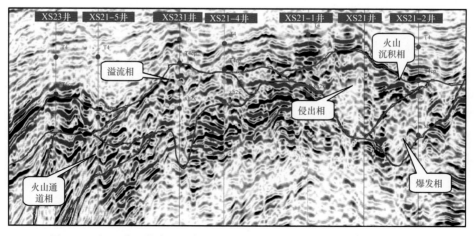

图 5-13 松辽盆地徐东地区营城组一段火山岩相地震剖面反射结构特征图

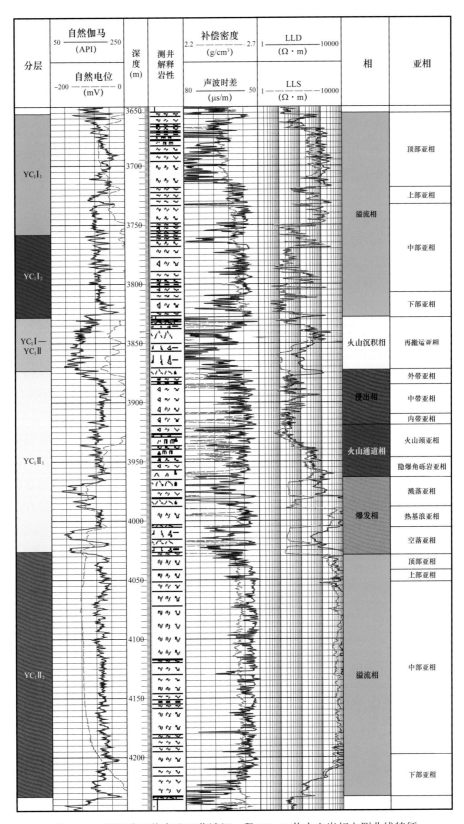

图 5-14　松辽盆地徐东地区营城组一段 XS-A 井火山岩相电测曲线特征

上根据次一级地震反射特征的变化进一步识别出不同火山岩相。本次借助 Petrel 软件，将钻井资料和地震资料紧密结合，对气田范围内的营一段地层中的火山岩体进行了较为详细的识别和追踪（图 5-13），这为火山岩相的分析奠定了坚实的地质基础。

三、火山岩相分类及其空间发育特征

1. 火山岩相分类

火山岩相是指在一定的地质条件下由火山作用形成的各种岩石的综合，不同的火山岩相具有其典型的火山岩岩石类型与组合，因此识别和划分火山岩岩性，就成为火山岩相分析的有效途径之一。对于火山岩相的识别与划分，前人做过大量工作（王璞珺等，2008；孙园辉等，2009；罗静兰等，2008；郭振华等，2006；于晶等，2009）。除了通过岩性识别和划分火山岩相之外，各种地球物理学方法也在火山岩相划分中发挥着重要的作用（郭振华等，2006；李勇等，2009；于晶等，2009）。郭振华等（2006）对松辽盆地北部火山岩相与测井相之间的关系进行了分析，通过两者之间的密切关系，利用测井相来识别火山岩相。李勇等（2009）利用地震相和测井相联合，有效地预测出了松辽盆地北部营城组一段火山岩的空间展布规律和火山岩储层有利相带。于晶等（2009）以松辽盆地安达断陷营城组火山岩为例，根据不同火山岩相地震反射特征，结合相干体技术和振幅属性，预测了火山岩相的分布，并探讨了地震识别方法在火山岩岩相和火山岩储层物性识别中的应用，效果较好。

本书根据岩石类型特点，参考测井曲线，钻井岩心和各种分析测试资料，首先在单井上进行岩相划分识别，然后在研究区选择典型剖面，进行井震对比，分析不同岩相在空间上的展布规律，最后利用 Petrel 软件，借助微机工作站，提取能够反映岩相信息的地震属性，进行火山岩地震相分析，最终将地震相转化为火山岩相，刻画不同火山岩相类型在平面上的展布规律。在建立火山岩相模式的基础上，结合岩心、测井、地震资料，将研究区火成岩划分为 5 种相和 16 种亚相（表 5-1），火山岩相类型包括火山通道相（4.55%）、侵

表 5-1　松辽盆地徐东地区营城组一段火山岩相类型表（据王璞珺等，2008，修改）

相	亚相	成因机制及划分标志	岩石类型	结构	成岩方式
火山通道相（位于火山岩体下部）	火山颈亚相	熔浆流动停滞并充填在火山通道，火山口塌陷充填物	为火山碎屑岩与熔岩的过渡类型，多为熔结角砾岩和角砾熔岩，亦见角砾晶屑凝灰岩	斑状结构、熔结结构、角砾凝灰结构	熔浆冷凝固结，熔浆凝结各种角砾和凝灰质
	次火山岩亚相	岩浆侵入到围岩中，缓慢冷凝结晶形成			熔浆冷凝结晶
	隐爆角砾岩亚相	富含挥发分的岩浆侵入到岩石破碎带时，由于压力得到一定的释放又释放不完全，产生地下爆发作用形成			与角砾成分相同或不同的岩汁（热液矿物）或细碎屑胶结

相	亚相	成因机制及划分标志	岩石类型	结构	成岩方式
侵出相（多形成于火山喷发旋回早期和后期）	内带亚相 中带亚相	高黏度熔浆受到内力挤压流动，堆砌在火山口附近成岩穹或熔岩前缘冷凝，变形并铲刮和包裹新生和先期岩块，受内力挤压流动	自碎角砾化熔岩、熔岩	熔结角砾和熔结凝灰结构、玻璃质结构和珍珠结构、少斑结构、碎斑结构	熔浆冷凝固结
	外带亚相				熔浆冷凝，熔结新生和先期岩块和碎屑
爆发相（多形成于火山喷发旋回早期）	溅落亚相	在火山口附近熔浆上涌时，携带的围岩物质以及熔浆岩本身物质就近坠落堆积所形成的岩体	角砾熔岩、凝灰熔岩、熔结角砾岩等	熔结角砾凝灰结构	压实为主
	热碎屑流亚相	气射柱崩塌后，灼热的碎屑物在后续喷出物推动和自身重力的共同作用下沿着地表流动；岩石类型多为含晶屑、玻屑、浆屑、岩屑的熔结凝灰岩	以流纹质晶屑熔结凝灰岩为主	熔结凝灰结构、火山碎屑结构	熔浆冷凝胶结＋压实作用
	热基浪亚相	气射作用的气—固—液态多相浊流体系在重力作用下近地表呈悬移搬运，载屑蒸汽流；多为含晶屑、玻屑、浆屑的凝灰岩	以流纹质晶屑凝灰岩为主	火山碎屑结构（以晶屑凝灰结构为主）	压实为主
	空落亚相	气射作用的固态和塑性喷出物（在风的影响下）作自由落体运动；含火山弹和浮岩块的集块岩、角砾岩、晶屑凝灰岩	以火山角砾岩、晶屑岩屑凝灰岩、流纹质角砾晶屑凝灰岩、流纹质晶屑凝灰岩为主	集块结构、角砾结构、凝灰结构	压实为主
溢流相（多形成于火山喷发旋回中期）	顶部亚相 上部亚相	含晶出物和同生角砾的熔浆在后续喷出物推动和自身重力的共同作用下沿着地表流动；上部原生空隙发育，下部构造裂缝发育，中部两者均有，但不发育	气孔流纹岩、玄武岩及英安岩	球粒结构、细晶结构	熔浆冷凝固结
	中部亚相		玄武岩、流纹岩和英安岩	细晶结构、斑状结构	
	下部亚相		细晶流纹岩、玄武岩和英安岩	玻璃质结构、细晶结构、斑状结构、角砾结构	
火山—沉积相（形成于火山喷发旋回任何时期）	再搬运亚相	火山碎屑物经过水流作用改造	各种火山角砾、凝灰岩	陆源碎屑结构	压实成岩
	含外碎屑亚相	以火山碎屑为主可能有其他陆源碎屑物质加入	各种火山岩与沉积岩混杂	陆源碎屑结构	压实成岩

出相（1.35%）、爆发相（44.71%）、溢流相（43.40%）和火山沉积相（5.99%），括号中的数据代表32口精细测井解释单井中不同类型火山岩相厚度百分比统计结果，其中以爆发相和溢流相占主导。

1）火山通道相

火山通道相位于整个火山机构的下部，形成于整个火山旋回期和后期，可划分为火山颈亚相、次火山岩亚相和隐爆角砾岩亚相（表5-1）。火山通道相位于火山锥体顶端的正下方，产状近于直立，呈柱状，地震内部反射断续、杂乱（图5-13）。电测曲线上，火山通道相表现为高幅度，锯齿状（图5-14）。

2）侵出相

侵出相位于火山口上部，形似穹隆，形成于火山活动旋回的后期，可划分为内带亚相、中带亚相和外带亚相（表5-1）。侵出相在地震剖面上表现为断续反射，同相轴以底部为中心呈扇形向外发散（图5-13），一般多靠近火山通道相发育，电测曲线多表现为高幅度，微齿状（图5-14）。

3）爆发相

爆发相形成于火山作用的早期，可分为空落亚相、热碎屑流亚相、热基浪亚相、溅落亚相等4种亚相（表5-1）。爆发相在地震剖面上常表现为丘状，内部多为杂乱状，顶部为强反射，内部反射弱（图5-13），电阻率曲线表现为中低值，锯齿状（图5-14）。

4）溢流相

溢流相形成于火山喷发旋回的早期—中期，是含晶出物和同生角砾的熔浆在后续喷出物推动和自身重力的共同作用下，在沿着地表流动过程中，熔浆逐渐冷凝固结而形成（表5-1）。徐深气田徐东地区营一段以溢流相为主，溢流相在酸性、中性、基性火山岩中均可见到，一般可分为下部亚相、中部亚相、上部亚相、顶部亚相。溢流相在地震剖面上表现为中—强反射，呈间断性连续（图5-13）。电阻率曲线表现为厚层、微齿化，中高值（图5-14）。

5）火山沉积相

火山沉积相是经常与火山岩共生的一种岩相，可出现在火山活动的各个时期，碎屑成分中含有大量火山岩岩屑，主要为火山岩穹隆之间的含火山物质的碎屑沉积体。火山沉积相可分为含外碎屑亚相和再搬运亚相（表5-1）。在地震剖面上表现为中—强反射，连续稳定（图5-13）。测井曲线常表现出韵律特征，薄厚不等。

2. 火山岩相空间发育特征

单井划分的结果表明（图5-14），爆发相在井上厚度最大，占44.71%；溢流相次之，占43.40%；火山沉积相、火山通道相和侵出相最小，厚度分别占5.99%、4.55%和1.35%，总体上爆发相和溢流相的厚度明显占优势。从井上可以看到，在同一火山岩相内发育不同类型的火山岩亚相，但是不同时期或同一时期不同的火山岩喷发旋回形成的火山岩体之间相互破坏影响，这些火山岩相在垂向上内部亚相的完整性并不明显。

从剖面上看（图5-15），一般侵出相和爆发相多紧邻火山通道相发育，而溢流相与火山通道相在空间上的位置距离较远。后期的火山岩体对先期形成的火山岩体具有较强的破

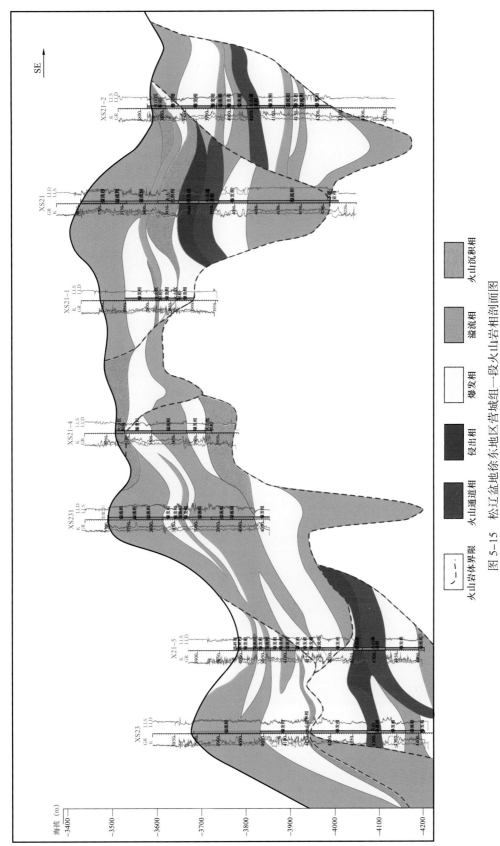

图 5-15　松辽盆地徐东地区营城组一段火山岩相剖面图

坏作用，先期的火山岩体在与后期火山岩体的接触界面上可以发生突变。受不同时期火山活动作用的影响，一般火山通道相和侵出相在侧向上延伸 1 个井距（2.5～4km），而爆发相、溢流相和火山沉积相延伸的距离要远一些，可以达到 2 个井距，局部甚至更远。不同的火山岩相在空间上相互叠置，组成了不同的火山机构。火山岩相的分布受火山活动作用强度和地形等因素的共同影响和控制。在这些亚相类型中，爆发相的空落亚相和溢流相的中部亚相最为发育。在不同的火山岩体（火山机构）内部，发育不同的火山喷发旋回。火山通道相中以火山颈亚相为主，侵出相中以中带亚相为主，爆发相中以空落亚相和溅落亚相为主，溢流相中以中部亚相为主，由于火山沉积相分布范围有限，因此其中含外碎屑亚相和再搬运亚相发育程度难分伯仲。由于受火山喷发的强度、岩性等因素的控制，不同火山岩体内部各种火山岩亚相在垂向上厚度的变化较快，在侧向上延伸范围有限。需要说明的是，由于该剖面并没有横穿火山口的中心位置，因此，火山口（XS21-5、XS21、XS21-2 等井处）在剖面上的丘状特征表现得不太明显，只有侧翼的一部分表现出来。

平面上以 XS12 井区（图 5-16）营城组一段火山岩旋回Ⅲ为例，来描述火山岩相平面特征，该井区主要位于研究区的西南部，可以识别出 3 个主要的火山口，火山口分别位于 XS14 井、XS141 井和 XS12 井附近。火山岩主要为爆发相和溢流相，这与单井火山岩相划分的结果一致，这两种火山沉积相呈近南北向分布，其中爆发相主要发育于该区西南部和东北部，而溢流相主要发育于中部，溢流相的分布面积大于爆发相。对比断裂发育位置与火山口的分布位置可以看出，火山口和火山岩相明显受断裂控制，该区火山喷发类型为裂隙—中心式喷发。

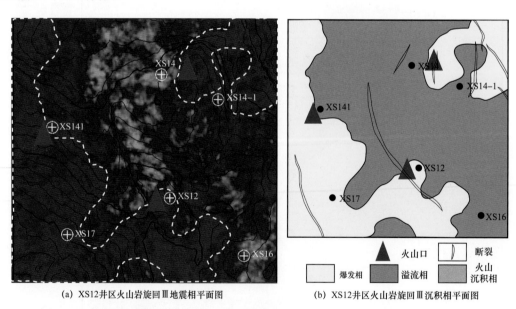

(a) XS12井区火山岩旋回Ⅲ地震相平面图   (b) XS12井区火山岩旋回Ⅲ沉积相平面图

图 5-16 松辽盆地徐东地区 XS12 井区营城组一段火山岩旋回Ⅲ地震相与沉积相平面图

3. 火山岩相对储层物性的影响

火山岩的物性与岩性、岩相的相关关系密切。岩性是其他因素对火山岩储层物性产生影响的物质基础，不同的岩性具有不同的硬度、密度、成分、结构、构造等属性，导致不同类型的火山岩具有不同的物性特征，即具有不同的孔隙度和渗透率（王璞珺等，2008）。而不同的岩性又发育于不同的火山喷发旋回所形成的不同的火山岩相之中，因此火山岩储层的物性和储集空间类型及其变化主要受火山岩相和火山岩亚相的控制，不同岩相和相同岩相而不同亚相的储层特征可能产生很大差异；所以可以在火山岩相研究的基础上分析火山岩储层物性特征，找出火山岩相（亚相）与储层物性之间的关系，以指导火山岩气藏储层勘探开发。

本书中，共收集到 206 块岩心分析资料，将单井划分的火山岩岩相与这些分析测试获得的资料通过深度匹配并统计（图 5-17、图 5-18）。从图 5-17 可以看出，本书主要参照有效孔隙度和总渗透率这两个参数来说明不同火山岩相储层性质特征。对比可以看出，火山岩岩相的物性以爆发相最好，平均有效孔隙度为 7.75%、平均总渗透率为 3.361mD；侵出相、火山通道相和溢流相次之，火山沉积相最差。从图 5-18 可以看出，火山岩亚相的物性以爆发相溅落亚相最好，平均有效孔隙度为 9.00%、平均渗透率为 4.793mD；侵出相外带亚相、中带亚相、溢流相下部亚相、顶部亚相、上部亚相、火山通道相的火山颈亚相和爆发相的空落亚相次之；爆发相的热碎屑流亚相、火山通道相的次火山岩亚相、溢流相的中部亚相、火山沉积相的含外碎屑亚相、爆发相的热基浪亚相和侵出相的内带亚相物性

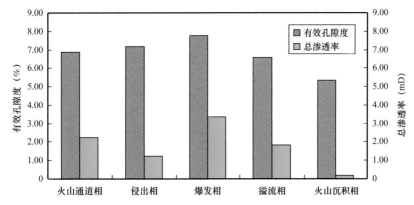

图 5-17 松辽盆地徐东地区营城组一段火山岩相与储层物性关系柱状图

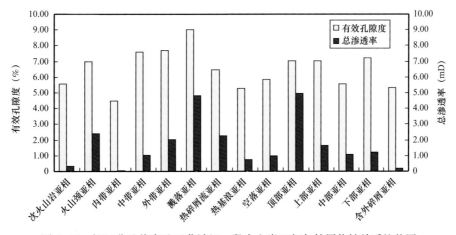

图 5-18 松辽盆地徐东地区营城组一段火山岩亚相与储层物性关系柱状图

最差。通过火山岩岩相分析，可以预测有利储层发育的部位，同时为火山岩气藏有效开发提供参考（陈欢庆等，2011）。

第四节　稠油热采油藏储层渗流屏障地质成因特征

渗流屏障为储层系统内遮挡流体渗流的岩体（吴胜和，2010）。吴胜和等（1999）在吐哈盆地温吉桑—米登油田（简称温米油田）中侏罗统三间房组辫状河三角洲储层流动单元研究中认为，流动单元研究可以划分为两个层次，其中确定连通砂体和渗流屏障的分布属于第一层次，该观点对于后期流动单元和渗流屏障的研究产生了重要的影响。任宝生等（2004）以黄骅坳陷北大港油田唐家河开发区东三段储层为例，通过对微观孔隙结构、渗流屏障和连通体的研究，对孔隙结构和流动单元进行了划分。Dipple 等（2005）以南澳大利亚 Mt Painter Block 中元古界为例，研究了石英脉作为渗流屏障对区域性流体流动的影响。李云海等（2007）将储层流体渗流屏障对应至 4 级构型界面。彭松等（2009）以辽河油田曙三区复杂断块储层为例，对沉积因素、成岩因素、构造因素和生产动态因素等影响渗流屏障分布的各个影响因素进行了分析。舒明媚等（2012）在渗流屏障研究的基础上对尕斯库勒 E_3^1 油藏辫状河三角洲前缘亚相储层流动单元进行了划分。Saber Mohammadi 等（2013）在利用非均质性模型研究混相驱和非混相驱驱油效率时，分析了渗流屏障对驱油效率的影响。综合分析前人对于渗流屏障的研究，多是在储层流动单元划分时进行较简单的相关分析，目前还未见到专门针对渗流屏障，特别是稠油热采储层渗流屏障开展研究工作的专著。由于渗流屏障对稠油热采油藏蒸汽驱热采过程中蒸汽在储层中的推进具有十分重要的影响，因此研究渗流屏障的类型及其在空间发育的规律对于蒸汽驱热采稠油开发具有十分重要的生产实践意义。工区和研究层位基本地质概况在本书第三章第二节中有详细介绍，在此不再赘述。

一、渗流屏障的分类与识别

渗流屏障的分类一直都是储层渗流屏障研究的基础和重要内容之一，前人也做过大量的工作（吴胜和等，1999，2010；窦松江等，2004；张林艳，2006；沈勇伟等，2007；陈新民等，2007）。吴胜和等（1999）将渗流屏障划分为泥岩屏障、胶结带屏障和封闭性断层屏障等 3 种类型，并详细介绍了不同类型渗流屏障的发育特征。窦松江等（2004）将北大港油田港东地区古近系河流相沉积储层渗流屏障划分为泥岩屏障、钙质胶结屏障和封闭性断层屏障等 3 种类型。张林艳（2006）将塔河油田奥陶系油藏渗流屏障划分为致密碳酸盐岩基质充填渗流屏障、充填作用形成的渗流屏障和封闭断层形成的渗流屏障等 3 种类型。沈勇伟等（2007）将克拉玛依油田六中区上克拉玛依组渗流屏障划分为断层屏障、物性屏障和不整合面屏障等 3 种类型。陈新民等（2007）认为由渗流屏障分隔的地质体就是单砂体，并将渗流屏障划分为隔层、夹层和断层等 3 大类。由于岩石类型不同，构造作用、沉积作用和成岩作用等影响储层性质的因素也各有差异，因此对于碎屑岩、碳酸盐岩或者火成岩等不同类型的储层渗流屏障的分类也不尽相同，目前对于渗流屏障的分类，从成因角度来开展工作的做法占主导。

1. 渗流屏障的分类

前已述及，渗流屏障为储层系统内遮挡流体的岩体。本书根据资料掌握状况以及渗流屏障发育的特点，主要利用岩心、扫描电镜、镜下薄片、测井曲线以及分析测试资料等，从成因上将目的层渗流屏障分为3种类型，分别是沉积渗流屏障（为沉积成因水下分流河道间泥等细粒沉积体构成）、成岩渗流屏障（主要由压实作用和胶结作用等成岩作用形成）和封闭性断层渗流屏障，其中以沉积渗流屏障为主。

1）沉积渗流屏障

沉积渗流屏障受沉积作用控制，多为水下分流河道间砂或水下分流河道间泥，岩性为粉砂岩、泥质粉砂岩、粉砂质泥岩以及泥岩等（图5-19），其中以粉砂质泥岩和泥岩为主。沉积渗流屏障主要是由于水动力减弱，细的悬移质沉积形成的，主要有两种成因类型：（1）沉积过程中由于水下分流河道的分流和改道，水动力条件发生变化，在砂质纹层间形成泥质夹层，一般厚度较薄，多表现为夹层；（2）在洪水期间的枯水期或间洪期形成一层泥质层，一般厚度较大，常表现为隔层。受发育规模的限制，夹层渗流屏障对于储层中流体的渗流的影响要明显小于隔层。对于沉积渗流屏障可以使用岩心、测井等多种资料进行识别，沉积相和沉积微相的详细分析是行之有效的方法。在测井曲线上沉积渗流屏障主要表现为电测曲线低平，起伏很小或者微起伏（图5-20）。沉积渗流屏障是研究区目的层最发育的一种渗流屏障，在目的层广泛发育，对储层之间的连通关系起着决定性的控制作用。

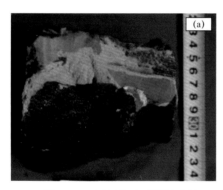

图5-19 辽河盆地西部凹陷某区于楼油层沉积渗流屏障岩心特征图

（a）JJ2，1003.74～1003.79m，粉砂质泥岩，沉积渗流屏障，水下分流河道间泥；

（b）J23-261，975.3～975.35m，灰褐色粉砂岩，油斑，波状层理，沉积渗流屏障

2）成岩渗流屏障

成岩作用对储层性质具有十分重要的影响（吴胜和等，1998；纪友亮，2009）。研究区目的层成岩渗流屏障受成岩作用控制，主要包括胶结作用、压实作用等对于储层的发育起消极影响的成岩作用，上述作用均是通过减小储层的孔隙，使得储层物性变差，形成渗流屏障。整体上储层压实作用较弱，以胶结作用为主；而在胶结作用中又以碳酸盐岩、黏土矿物胶结和硅质胶结等为主。碳酸盐岩胶结主要是在沉积成岩过程中，随着埋深的增加，温度升高，压力增大，有机质热演化所释放的大量 CO_2 与地层水中的 Ca^{2+}、Mg^{2+} 等结合形成的碳酸盐交代成致密碎屑岩。硅质胶结主要是石英等以化学沉淀方式形成于粒间孔隙当中，属自生矿物。成岩渗流屏障在研究区目的层表现为在储层发育过程中各种黏土

矿物的相互转化，从而堵塞孔隙，形成渗流屏障。硅质胶结主要表现为长石的次生加大等（图 5-21）。钙质胶结可以通过电阻率曲线上明显的钙质尖来识别（图 5-22）。总体上看，成岩渗流屏障在研究区目的层不发育，特别是钙质胶结形成的渗流屏障，只是在 yⅡ 油组的个别单层中可以见到（图 5-22），而且一般厚度都小于 1m，在空间上延伸的距离也很短，对于生产实践的影响作用不大。

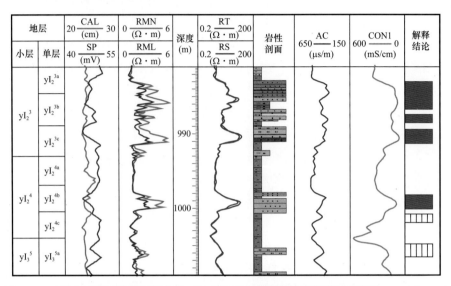

图 5-20　辽河盆地西部凹陷某区 J91 井于楼油层沉积渗流屏障特征（深度：992~998m）

图 5-21　辽河盆地西部凹陷某区于楼油层成岩渗流屏障特征

（a）J2，高岭石黏土向伊利石转化，成岩渗流屏障，997.02m，×2400；（b）J2，长石次生加大Ⅰ级，成岩渗流屏障，990.18m，×6000；（c）J2，颗粒点—线接触，压实作用，954.04m，成岩渗流屏障，×100；
（d）J93，1033.84~1033.94m，中砂岩，硅质胶结，成岩渗流屏障

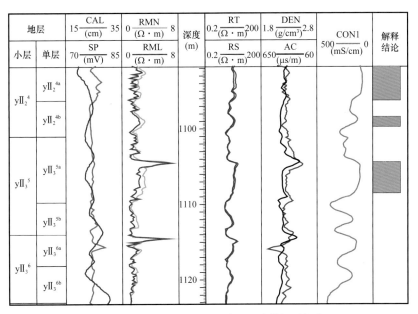

图 5-22　辽河盆地西部凹陷某区于楼油层 J10-22 井成岩渗流屏障特征（深度：1104～1105m；1114～1115m）

3）断裂渗流屏障

利用断层两盘开发动态资料或者流体性质来分析断层的封闭性是断层封闭性十分重要的研究方法之一（张金亮等，2011；李阳等，2007）。本书断裂渗流屏障研究，主要利用断层两盘水分析资料的对比开展工作。研究区主要断裂有 4 条，分别是 F1、F2、F3 和 F4。选取 5 组共 10 口井的水分析资料作对比从断裂发育的级别上分析（表 2-2），断裂 F1 和断裂 F2 属于 3 级大的控凹断裂，而断裂 F3 和断裂 F4 的级别属于 4 级断裂。主要对比断层上、下两盘地层水分析资料来评价断层封闭性，刻画封闭性断层渗流屏障。断层两盘地层水分析结果差异较大，表明断层封闭性较好，形成封闭性断层渗流屏障。断层两盘地层水分析结果类似，表明断层封闭性差，不能形成封闭性断层渗流屏障。对于断裂 F1 而言，选取 A1 井和 A2 井水分析结果作对比，发现分别位于断层两盘的这两口井的水分析结果差异较大。特别是在镁离子、钙离子、硫酸根和碳酸根等含量上表现得尤为突出，说明断层是封闭的。将断层 C1、C2 和 E1、E2 分为 2 组作对比，发现在钾离子 + 钠离子、钙离子、碳酸根、碳酸氢根和总硬度等指标方面均相同或取值接近，因此可以断定断层上下盘之间流体是连通的，断层不封闭，不能形成渗流屏障。将断层 B1、B2 和 D1、D2 分为 2 组作对比，发现断层两盘镁离子、硫酸根、碳酸根、总矿化度和总碱度等指标取值差异均较大，因此可以断定断层上下盘之间流体是不连通的，断层是封闭的，可以形成封闭性断层渗流屏障。因此，在研究区的 4 条断裂中，断裂 F1 和断裂 F4 属于封闭性断层渗流屏障。

2. 渗流屏障空间分布特征

1）渗流屏障剖面发育特征

受扇三角洲前缘水下分流河道不断分流改道的影响，沉积渗流屏障在研究区目的层发育位置变化较大。一般在水下分流河道间泥和水下分流河道间砂的位置，沉积渗流屏障较发育，而在水下分流河道和河口沙坝的位置，渗流屏障不发育（图 5-23）。受沉积物源与

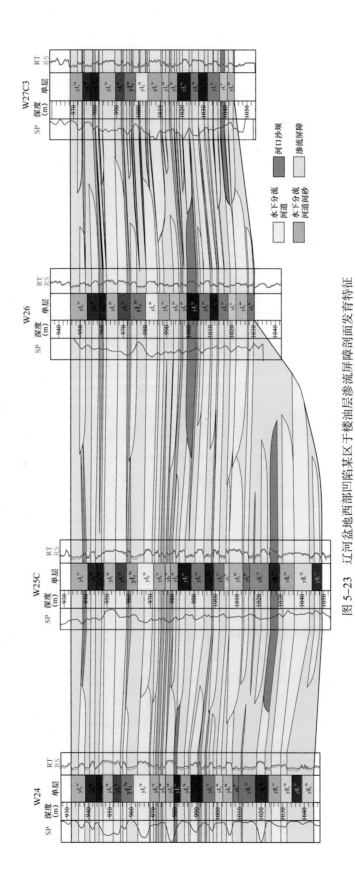

图 5-23　辽河盆地西部凹陷某区于楼油层渗流屏障剖面发育特征

扇三角洲前缘沉积旋回变化的共同控制，在目的层的上部和下部，渗流屏障的厚度较大，延伸距离较远，数量较少。而在目的层中部，渗流屏障规模较小，但数量多，频繁出现（图5-23）。而且，从北西向南东方向，随着与物源区距离逐渐增加，沉积物粒度逐渐变小，渗流屏障的发育程度也逐渐增强。这些特点在部署分层注汽措施时要充分考虑。

2）渗流屏障平面展布特征

由于沉积渗流屏障在研究区目的层占主导，因此本书主要从沉积方面对渗流屏障在平面上的发育特点作以刻画。沉积渗流屏障可以进一步细分为层间隔层渗流屏障和层内夹层渗流屏障2种（图5-24、图5-25），其中前者在开发中所起的作用要远远大于后者。以单层yI_3^{5b}与yI_3^{5c}之间的隔层为例，沉积渗流屏障的厚度在平面上变化较大，最小值为0，最大值大于5m。受沉积物源影响，总体上不同厚度的沉积渗流屏障大体呈北西—南东条带状展布。渗流屏障较厚处多位于水下分流河道间泥的位置，而渗流屏障厚度为0的区域多位于水下分流河道叠置的位置。其余单层间隔层的发育特征基本与单层yI_3^{5b}与yI_3^{5c}之间的隔层类似，只是受水下分流河道的分流改道影响，不同厚度的隔层在平面上的具体位置会发生变化。

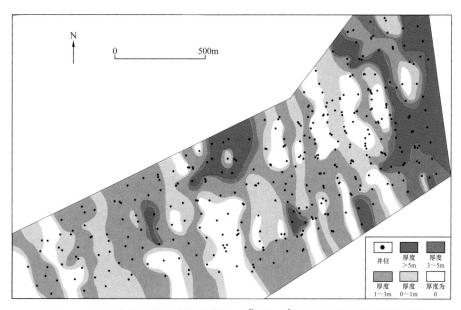

图5-24　辽河盆地西部凹陷某区单层yI_3^{5b}至yI_3^{5c}之间隔层发育平面展布图

从单层yI_1^{1b}层内夹层分布频率图上看（图5-25），不同频率夹层在平面上也大体呈北西—南东条带状展布，这与层间隔层的发育特征一致，不同的是夹层的规模要明显小于隔层，在空间上延伸的距离也十分有限，其余单层内夹层的发育规律基本与单层yI_1^{1b}类似。

在蒸汽吞吐转蒸汽驱过程中，蒸汽驱注汽井和采油井井网的调整和部署应该充分考虑到渗流屏障在平面上的分布特点，尽量保证注采井之间的连通性，保证注采见效，将渗流屏障的不利影响降至最低程度。

3. 稠油热采储层渗流屏障对开发的影响

渗流屏障对储层内部流体的流动起着十分重要的影响和控制作用，但是并非所有的渗

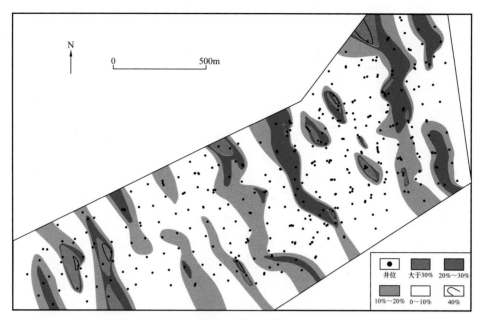

图 5-25　辽河盆地西部凹陷某区单层 yI_1^{1b} 内部夹层频率分布特征图

流屏障都能起到有效阻碍流体流动的作用，即渗流屏障要达到一定的厚度和延伸范围，才能封隔注入蒸汽，而厚度较薄的渗流屏障，只是在小范围内改变了蒸汽推进的路径，并不能对蒸汽形成有效分隔。裴怿楠等（1996）将大庆油田二次加密井网隔层的厚度标准定为 1.5～2.0m。根据辽河油田的开发经验，泥岩厚度大于 1m，就可以对蒸汽运移形成有效的阻止。因为目前研究区目的层发育的渗流屏障以泥岩和粉砂质泥岩为主，因此本书借鉴这一标准，将渗流屏障的厚度有效标准确定为 1m。

本书分析认为，渗流屏障对蒸汽驱开发的影响主要体现在以下几个方面。

（1）不连续的泥岩增加了流体流动通道的曲折性，使注采关系复杂化。渗流屏障在空间上的发育和延伸，增加了储层非均质性（图 5-26），使得注入蒸汽在空间上的均匀推进难度大，"窜流"和"指进"等现象普遍发生，降低了蒸汽驱油效率，使流体流动的规律复杂化，这一点与一般的水驱类似。如图 5-26 单层 yI_1^{1b} 渗透率变异系数平面分布图所示，红色区域为渗透率变异系数小于 0.5，即储层非均质性较弱的区域，灰色为泥岩发育的区域，而黄颜色为非均质性中等的区域，蓝颜色为非均质性强烈的区域，该区域占主体，其他 28 个单层的情况与单层 yI_1^{1b} 类似。整体上研究区目的层非均质性强烈。

（2）由于渗流屏障（隔夹层）发育，汽驱大量热量被隔夹层吸收损失，导致热量很难在油层中有效传递，蒸汽驱效果变差，要充分考虑经济上的可行性（刘文章等，1997，1998）。蒸汽驱油效率一个十分重要的判断指标就是经济可行性，而储层内渗流屏障（隔夹层）的存在，吸收了大量的蒸汽热能，直接导致了蒸汽热能量的损失，降低了蒸汽驱油的热效率，并最终导致蒸汽驱经济有效性降低。这当中既包括隔层渗流屏障，也包括夹层渗流屏障，空间规模没有限制，只要存在，就对蒸汽驱热能量有吸收作用，只是前者吸收量明显大于后者而已。

（3）在热采过程中，为了进一步扩大波及体积，防止汽窜，保证蒸汽前缘均匀推进，提高蒸汽驱油效率，常采用分层注汽的方法。从隔层发育平面图与注汽井平面位置关系来看，隔层发育的部位，可以采用分层注汽，提高开发效果，而单层间隔层不发育的区域，采用分层注汽，容易发生汽窜。在具体操作时，首先通过精细的单层级别的沉积微相和隔夹层分析，明确热采油层的有效厚度及其在平面上的分布范围，合理划分热采层系。打开注汽层下部 1/2 或更少，减少蒸汽超覆作用的影响；同时可以采用蒸汽泡沫剂进行层间或层内调控，还可以利用封隔器分层注汽、选择球选择性注汽等。

（4）由于渗流屏障的存在，导致注汽井和采油井之间注采对应差，蒸汽驱效果不理想。以研究区东北部已进行蒸汽驱的 K3 井和 K4 井为例（图 5-27），K4 为注汽井，K3 为采油井，K3 井和 K4 井井距 107m。在主力层 yI_1^2（yI_1^{2a}+yI_1^{2b}+yI_1^{2c}；图 5-27a）、yI_2^3（yI_2^{3a}+yI_2^{3b}+yI_2^{3c}）（图 5-27b）和 yI_2^4（yI_2^{4a}+yI_2^{4b}+yI_2^{4c}；图 5-27c），K3 井和 K4 井之间都存在水下分流河道间砂或者水下分流河道间泥，发育沉积渗流屏障，导致注采关系对应差，K3 井 5 年累产才 577t 油，生产效果远低于同井组的其他采油井。

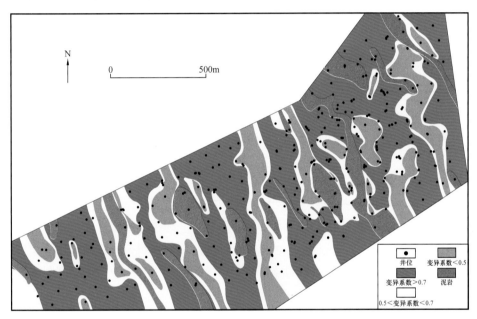

图 5-26　辽河盆地西部凹陷某区 yI_1^{1b} 单层层内渗透率变异系数平面图

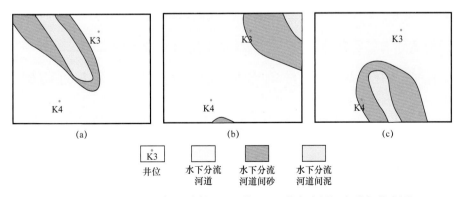

图 5-27　辽河盆地西部凹陷某区 K3 井和 K4 井主力层沉积微相分布图

第五节　精细油藏描述中地质成因分析基础上沉积微相建模

精细油藏描述是指油气藏投入开发，直到进入高采出程度、高含水期后，为正确评价和合理开发油气藏，对其开发地质特征和剩余油分布所进行的全面精细描述的综合性技术（陈欢庆等，2017）。精细油藏描述已成为油气田开发中后期研究的热点，其核心便是建立储层地质模型，而沉积微相建模正是储层地质模型研究中的主要内容之一。同时由于"相控建模"（于兴河等，2005；董伟，2016；段太忠等，2019）已成为储层地质建模的主流思路，因此，关于沉积微相的研究就显得更为重要。从某种意义上讲，如何充分结合各种资料，运用多种研究方法和技术，准确建立最接近地下实际储层的储层三维沉积微相模型（Ranie L 和 Elizabeth H，2006），已成为决定储层建模精度和精细油藏描述工作成败的关键。

一、建模研究的基础

1. 沉积学分析

在进行详细的沉积相研究前，首先应该了解区域沉积背景。同时，应对沉积相及沉积亚相进行详细研究，建立沉积模式，即进行沉积学分析，以便为沉积微相研究提供坚实的基础。因为直接研究沉积微相而抛开沉积相和沉积亚相，很容易出现"窜相"的错误。在沉积相的研究中，地质方法包括岩心观察、野外露头踏勘测量等，通过类比和分析可以直观地获取地下储层各种沉积信息；地球化学方法包括各种分析测试手段等，主要是利用母岩在沉积成岩等一系列地质过程中岩石各元素含量发生相应变化这一特点，选择合适的地球化学指标和方法对储层沉积特征进行研究，这在储层岩性、地质时代以及物源分析等方面都有广泛应用；地球物理方法主要包括测井和地震两个方面，测井相和地震相的研究也是沉积相研究的重要组成部分。在实际工作中，常常是将上述几种方法综合起来进行分析研究，以期相互印证和补充，获取更为准确和详细的沉积信息。

同时，还可以通过水槽试验、计算机沉积机理模拟和数值模拟的正反演检验、修正和充实来获得各种沉积相规律。目前，关于这些方面的研究工作已经开展，并在实际的研究工作中取得了很好的效果（穆龙新，2000；罗平等，2003）。

2. 运用高分辨率层序地层学等方法建立地层分层数据库

在精细油藏描述研究中，地层（油层组、小层）的划分是一切研究的基础（郭秀蓉等，2001），对于沉积微相研究更是如此。开发中后期的沉积相研究不同于勘探和开发早期，其研究精度及成因意义的要求更高，而高分辨率层序地层学正好可以满足这一要求。在精细油藏描述阶段高分辨率层序地层学研究的主要任务是划分、对比高频异旋回形成的等时沉积地层单元，以便建立更符合实际地质情况的储层结构模型和等时地层格架，研究精度一般到小层甚至单砂体。相对于传统的厚度、旋回、等高程切片等方法，高分辨率层序地层学理论指导下的小层划分精度更高，成因意义更明确。

高分辨率层序地层对比技术所依据的理论基础是高分辨率层序地层学，它从成因地层单元出发，应用沉积动力学过程—地层响应原理来研究地层的形成过程和空间分布的层次与规律。但在操作中究竟多高的分辨率才算高分辨率，不同的研究者有不同的理解。笔者认为，根据 Vail 经典的层序地层学基本原理，充分利用岩心、测井、露头和地震资料相结合的综合层序地层学研究方法，准层序的厚度至少要细分到数十米，甚至米级；而对于运用 Cross 的高分辨率成因层序地层学研究，准层序要划分到开发层组的小层（单元）一级（Van Wagoner，1990；Vail 等，1991；Cross，1994；朱筱敏，2000；杨小萍等，2001；赵翰卿，2005）。

二、建模的方法和技术

建模方法和技术的选择，对沉积微相模型建立的成功与否起着决定性的作用。当前，随着人们对模型预测性要求的提高，确定性建模方法已很少使用，而普遍使用的是随机（Oriol 等，2006）或随机与确定性相结合的建模方法，随机模型包括基于目标和基于象元两种（胡向阳等，2001），具体又分为标点过程、指示模拟（刘军等，2003）、截断高斯模拟和多点地质统计模拟等 4 种。其中多点地质统计模拟为研究的前沿，目前还没有开发出专门的软件来实现，在资料和技术的使用方面更趋向于综合化及多信息协同建模。

1. 基于水平井资料和露头信息的三维沉积微相建模

露头研究作为储层精细描述和建模的主要方法和手段之一，历来受到油田地质工作者的高度重视。研究中人们逐渐认识到只有研究相同类型沉积露头储层，才可以得到比密井网更加精细准确的地质知识以及相应的储层预测方法（裘怿楠等，2000；武军昌等，2002；Matthew 等，2007）。应用水平井资料和露头信息，可有效地提取三维建模所必须的地质统计学参数，特别是砂体侧向变化的参数。吴胜和等（2003）在鄂尔多斯盆地三叠系延长组坪桥地区的建模过程中，采用水平井资料与露头信息相结合的思路，采用统计资料建立单砂体宽度为 40～100 m 的标准，应用到三维沉积微相建模中，取得了较好的效果。三维沉积微相建模的难点主要在于对井间砂体的连续性和连通性预测。目前油田的开发井网大部分为数百米级或百米级，而单砂体宽度又往往小于井距，地震资料又由于其垂向分辨率很难达到 5 m 以下的单砂体规模，导致对井间砂体预测有很大的难度。为此，国内外学者试图通过地质统计学随机建模来进行三维储层建模研究，其重要的前提是要预先了解建模目标区的地质统计学特征；但对于砂体宽度小于井距的建模目标区而言，砂体统计学特征同样受到井距太大的"瓶颈"限制。然而，水平井资料本身就是对沉积砂体展布的直观反映，用其结合邻区露头来进行三维建模研究就可以使这一问题在一定程度上得到解决；这种方法的缺点是适用范围有限，因为水平井资料和露头信息很有限。

2. 基于地质和地震信息的三维沉积微相随机建模

周丽清等（2002）以委内瑞拉 F 油田 Z 油藏作为研究实例，利用测井资料约束地震数据，建立纵向高分辨率的三维地震波阻抗模型；再用随机反演地震三维数据体和井资料约束随机相建模过程，大大降低了相模型的不确定性，研究结果与地质、测井、地震、动静态资料吻合较好。

吴胜和等（2003）以渤海湾盆地某区块新近系明化镇组河流相储层为例，对运用波阻抗信息及随机建模的方法进行了研究，该方法的核心是综合应用井资料和地震信息在三维空间对沉积微相进行预测。任何地震储层横向预测的实质均是地震属性向地质参数的转换，然而任何地震属性都具有多解性；因此，由地震属性向储层参数的转换往往难以获得令人满意的预测效果。研究中倡导的随机模拟预测方法承认波阻抗与地质参数之间没有严格的确定性关系，而是试图寻找波阻抗与地质参数的概率相关关系，并应用这一关系，通过随机模拟的方法对储层进行随机建模，并对预测结果的不确定性进行评价，以解决多解性的问题。该方法主要通过测井约束反演获取三维波阻抗数据体，从三维波阻抗数据体中提取各井井旁道的波阻抗数据，然后将沉积微相井模型（河道砂体、溢岸砂体、泛滥平原泥岩）与井旁道波阻抗进行概率相关分析，获取任一波阻抗值对应于不同沉积微相的概率，以达到建立沉积微相模型的目的。

3. 基于标点过程的随机模拟方法建模

胡向阳等（2002）曾以低渗储层为例，应用标点过程随机模拟方法对沉积微相进行了定量表征及三维建模。基于目标的方法（以目标物体为基本模拟单元）主要应用标点过程模型和优化算法（模拟退火或 Metropolis-Hasting 算法）进行离散物体的随机模拟。根据不同的点过程理论，物体中心点在空间上的分布可以是独立的，如泊松点过程，即布尔模型的概率分布理论，也可以是相互关联的或排斥的，如吉布斯点过程。在示性点完全随机的前提下，当目标位置相互独立、目标密度（单位储层体积内目标平均个数）为常数时，可以认为目标中心点位置符合平稳泊松点过程，以此为基础的模拟方法适合模拟砂岩背景上存在小尺度泥岩隔层的现象，或者在泥岩背景上存在小尺度孤立砂岩的现象。当目标位置既相互独立，又相互联系（重叠）时，响应的点过程即为吉布斯点过程，以此为基础的模拟方法适合模拟河道砂岩带内各河道砂体相互镶嵌的现象，如模拟河流或河流三角洲及相关的沉积相带。这种沉积微相建模方法有两个优点：（1）简单，使用灵活，应用时一些新的并已经验证的地质数据可以很容易地作为条件信息加入到模型中去，从而可以最大限度地综合地质学家的认识，这相当于人机交互式的建模过程；（2）能够较好地实现对沉积微相的定量表征及三维建模。该方法所提供的一系列等概率模型，不仅克服了无井地区沉积微相边界的不确定性，而且所建模型忠实于井及地震等资料，模型所反映的砂体大小、连续性和接触方式等也更为客观，能较好地模拟非均质性、复杂的沉积微相分布，反映沉积微相的变化规律，其结果具有可信性和预测性。

4. 基于地质、地球物理测井资料和油田开发动态数据等与地质思维紧密结合的建模

2006 年笔者曾对鄂尔多斯盆地某区三叠系延长组地层—岩性油气藏进行了建模研究。研究区属黄土塬地貌，无地震资料。为了弥补这一不足，研究中充分利用露头、岩心、重新解释的测井资料和油田开发动态数据等资料，并最大限度地加入了研究者的地质思维。针对研究目的层为河流相沉积的特点，选择目前沉积微相建模效果最好的 RMS 软件、基

于象元的建模方法，在建模过程中采用精细的测井微相分析（每口井0.125 m厚的目的层段对应一种人工测井微相分析结果），根据地质（区域地质、岩心、露头等）、地球物理测井、油田开发动态数据等资料统计分析人工拟合变差函数，给出三维相模型在空间展布的主变程、次变程和垂直变程（每个模型建立过程中对每个小层每种沉积微相独立分析一次，资料主要来自露头和岩心统计分析），并通过边界约束控制等手段建立储层沉积微相三维空间展布随机模型，取得了很好的效果，具体的研究流程如图5-28所示。

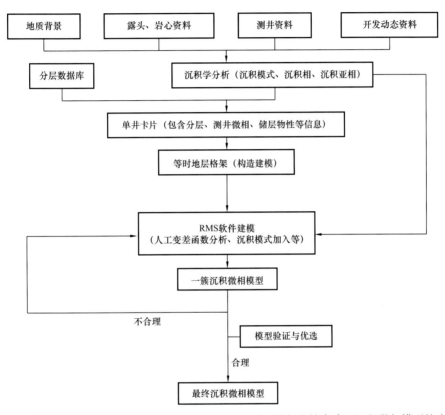

图5-28　利用测井资料和油田开发动态数据资料与地质思维紧密结合建立沉积微相模型的流程图

基于象元的方法（以象元为基本模拟单元）实际上为基于象元的随机模型与各种算法的结合，如将序贯模拟算法应用于高斯域模型则为序贯高斯模拟方法，将序贯模拟算法应用于指示模拟中则为序贯指示模拟方法等。在建立沉积微相模型时，首先进行变差函数分析，求出搜索圆锥的主变程、次变程和垂向变程，以此准确预测沉积砂体在三维空间的展布特征。变差函数既能描述区域化变量的结构性变化，又能描述其随机变化，而且它的计算还是其他地质统计学计算的基础。变差函数是随机函数的一个最重要的表征手段，是区域化变量空间变异性的量度，反映空间变异程度随距离而变化的特征，这些特征可以通过变差图（变差函数随滞后距的变化图）的各项参数，即变程、块金值、基台值来表示。在具体研究中以上思想都是通过RMS软件来实现的，RMS地质建模软件是ROXAR公司的代表性软件，兼容了Storm在沉积相模拟方面的优点，其核心部分就是建立在储层沉积体系及沉积成因单元理论基础上的储层沉积微相随机模拟方法。将最终建立的沉积微相模型用多种方法验证，效果较好。这种方法的优点是测井微相分析精确、能够进行油田开发动态数据验证和人机交互，缺点是工作量太大，例如全井段测井相分析和变差函数人工拟合等都需要花费很大的精力。

5. 基于构型分析方法的建模

上述建模方法技术各有优缺点，为了提高储层沉积模型建立的精度就必须进行构型分析。构型分析中定义了 8 类界面（图 5-29；Miall，1985，1988，1996），它们构成了一个代表不同时限的界面等级体系，其中限定了不同尺度的沉积单元。一级界面是交错层系的界面，界面上很少或没有侵蚀，岩心上界面不明显，一般可通过交错前积层的削截和尖灭来识别；二级界面是简单的层系组的界面，界面上下有岩相变化；三级界面为巨型底型内的侵蚀面，其倾角小（一般小于 15°），为低角度的界面，削截下伏一个或多个交错层系，界面上通常披盖一层泥岩，其上为内碎屑泥砾，界面上下岩相组合相似；四级界面为巨型底型的界面，例如心滩、点坝界面、小河道（溢洪水道）底部冲刷面、决口扇界面等；五级界面为大型的沙席，如大型河道及河道充填复合体的界面，一般为平至微向上凹，以切割—充填地形及底部滞留砾石为标志；六级界面为限定河道群或古河谷的界面，大体相当于段或亚段（作图的地层单元）的界面；七级界面为异旋回事件沉积体的界面，如最大海（湖）泛面；八级界面为区域不整合面，相当于三级层序的界面（Miall A D，1985，1988；胡向阳等，2002）。构型界面的目的是应用一套具有等级序列的岩层接触面（bedding contacts），将砂体划分为具有成因联系的地层块体。在不同级别构型分析过程中，可以加深对研究目的储集体沉积特征的认识（Joseph D D 和 Shankar M，2006；Steven J I 和 John W S，2006；Miall A D，2006），精确地划分各种微相，从而建立比较接近地下地质实际的沉积微相模型。目前，构型研究方法很多，有岩心、露头、GPR（ground-penetrating radar）技术等多种（Lee K 等，2007）。构型分析已成为沉积微相研究很重要的前沿研究领域，在沉积微相建模中发挥着越来越重要的作用。

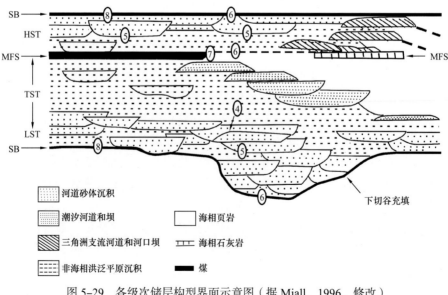

图 5-29　各级次储层构型界面示意图（据 Miall，1996，修改）

但是，构型分析法也有其局限性。构型分析法适用于以冲积作用为主要沉积物搬运方式的沉积地层，对岩性呈渐变过渡、界面类型单一、界面级别难以确定、成岩改造强烈、同沉积变形发育以及底辟作用强烈的地层，则不宜使用构型分析法。因此在河口湾、潮间带和河流三角洲前缘这样的环境中形成的沉积体不适合采用构型分析法（兰朝利等，2001）。

6. 基于井间地震技术的建模

20世纪70年代初油气勘探开发领域引入了井间地震技术，它是在一口井中激发，在另一口井或多口井中接收的地震勘探方法。与地面地震相比，井间地震方法具有能量传播距离短、接近探测目标、避开低速带等特点，因此，采集到的数据具有很高的频率和信噪比，它和测井等其他技术相结合可以实现随机与确定性相结合的建模，提高了井间预测的精度，实现对井间沉积微相特征的精细刻画。目前，井间地震技术主要利用两大类信息：（1）由初至走时层析成像获得的地层速度；（2）由反射波场成像获得的反射波信息。前者主要用于井间地层的岩性分析和流体预测，后者则是井间储层与油藏精细研究的有效工具（曹辉等，2006）。

井间地震技术具有十分突出的特点：（1）井间地震能够对井间储层作高分辨率监测；（2）分辨率达到地面常规地震的10～100倍；（3）可得到二维、三维和四维的井间储层信息；（4）提供深度域的数据，可以直接与测井资料相对比，是井资料与地面地震资料结合的桥梁（陈世军等，2003）。井间地震技术在解决油藏特性描述问题过程中，利用精确的井间地震反演资料可以提供更为准确的储层形态和内部物性，帮助优化非均质油藏模型，从而提高了整个油藏描述的精度，对沉积微相建模中井间预测提供了有效的支持。井间地震采集数据的频率和信噪比都很高，用其能探测到更薄的油层和更细小的地质特征，这在以前应用常规地面地震甚至VSP都是无法实现的。实例表明，井间地震技术已经将接近测井记录分辨率的地震图像拓展到了井间（曹辉，2002），因此它主要用于油气田开发中的油藏精细研究和油气动态监测等方面。井间地震技术目前正朝实用化方向发展，并已经成为储层精细描述、油藏动态监测等研究的有效手段。影响井间地震技术的主要因素是采集成本高和探测空间有限；但是，随着井间地震技术的不断发展，这些问题将被逐个解决。

三、建模中应注意的问题

1. 建模方法和技术的选择

关于沉积微相的研究方法众多，可归纳为以下3个方面。

（1）地质学的基本研究方法在沉积微相研究中的应用，如利用岩心、露头等资料来研究沉积微相。岩心和露头资料是关于地质情况最直观的反映，具有其他研究方法不可替代的优势，上述利用水平井结合露头信息进行沉积微相建模的方法就属于此类。目前关于构型分析法的研究，也是地质学方法研究沉积微相很有活力的领域。该类方法遇到的主要问题是资料有限、工作量大和适用性受限等。

（2）各种计算机、数学地质统计方法和数学方法在沉积微相研究中的应用，这其中既有一般的地质统计学方法，也包括计算机技术和数学相结合所研发的各种建模软件。地质统计学是以区域化变量理论作为基础，以变差函数作为主要工具，对既具有随机性又具有结构性的变量进行统计学研究。目前，各种地质统计学方法已在国内沉积微相研究中发挥了重要的作用。为适应生产实践的需要，地质统计学理论的研究更加深入，涉及的方法原理更加广泛。除了研究最为深入的普通克立格法外，非平稳线性地质统计学、非参数地质统计学、多元地质统计学以及近几年作为地质统计学科前沿的时空域多元信息地质统计学（Qi Lianshuang 等，2007）等，都有了较深入的研究。在应用方面也有了实质性的突破，相继开发研制并推出了适用于国内生产需要的软件系统（侯景儒等，1998）。同时，各种建模软件也随着计算机等相关学科的迅速发展而不断更新，主要是用各种地质统计学思想加以体现，其中确定性建模的软件有 SGM、EarthVision、Geofram 等，随机建模的软件有 RMS、GSLIB、Herisim、RC2、GOCAD、GridStat 等（Deutsch 等，1996；吴胜和等，1999）。值得注意的是，在使用各种数学统计方法时，应充分考虑其地质意义，否则就只是数字游戏。同样，在开发和使用各种建模软件时，不但要适时选择适合于沉积背景的建模软件，而且要将软件的建模原理与地质实际紧密结合；否则，所建模型就只能带来视觉上的效果，而无法真实反映地下沉积微相的本来面目，达不到有效预测的目的。

（3）各种地球物理方法和技术在沉积微相研究中的运用，目前使用最多的是测井和地震资料。前者中应用广泛的有自然电位、自然伽马、电阻率、地层倾角测井，新技术有井周声波成像测井、电阻率成像测井等（于景才等，2005）。后者包括地震波阻抗反演约束、四维地震、井间地震、叠前地震反演技术、多波多分量地震技术等（王喜双等，2006；刘彦锋等，2012）。

不同的建模方法和数据处理方式各具特色，适用于不同沉积相。不同的沉积背景和资料丰富程度也在一定程度上制约了建模方法和技术的选择。因此，选择建模方法和技术时要充分利用各种资料，准确认识建模对象，明确建模要求（冯文杰等，2015）。要将各种技术方法有机结合，以实现井间精确预测这一最终目标。

2. 建模软件的选择

三维沉积微相地质模型的建立及各种算法的地质思维最终是通过建模软件来实现的，只有选择适合于研究对象的软件，才能顺利完成建模的过程。在选择建模软件时应坚持以下原则：（1）对井间沉积微相具有很好的预测效果；（2）适合研究区的沉积背景，符合研究区的沉积模式；（3）尽量多地融入研究者的地质思维；（4）充分体现当前地质、地球物理、计算机、数学等相关领域的最新思想和技术；（5）在提高模型精度和预测能力的同时尽量减少工作量，以适应大规模建模工作推广的要求。

3. 相模型验证及优选的原则

储层沉积微相模型是微相建模的最终成果，其对地下沉积状况具有重要的预测作用，如何验证所建立沉积微相模型的准确性，优选微相模型，直接关系着后续储层物性建模（对于相控建模而言）的成败。因此，分析所建相模型是否合理并符合地下实际情况，也是十分关键的工作（周丽清等，2001）。为此，笔者总结如下检验原则。

（1）模型是否具有地质含义并符合地质概念。从某种意义上讲，随机建模是用计算机以数值方式把地质现象表现出来，因此使用的参数必须能真正体现地下地质体特征，如地质体（砂体）的大小、厚度、延伸方向和形状必须与实际相符。

（2）沉积微相模型是否与各种人工绘制的沉积微相图件相符。这种方法是比较传统和直接的一种，具体就是利用研究者的地质思维，建立沉积微相模型，然后将其与软件所建模型对比，分析其符合率，符合程度越高建模效果越好。

（3）抽稀井实现是否接近密井网实现。随机地抽稀井网产生若干个条件模拟实现，统计各被抽稀井位处的相类型、砂体厚度的概率分布，并观察砂体形状、大小、分布的变化情况。随机建模的重要特点之一是随机分布，反映地下地质现象的不确定性，所以抽稀井后各实现肯定存在差异，在误差允许的范围内对比抽稀前后模型的符合程度，以检验模型的精确性。

（4）油田开发动态数据的验证，主要是运用油田开发动态数据对所建立的沉积微相进行验证。例如，对于相邻注水和开发两口井而言，如果模型中河道沉积砂体相连，而实际开发中水井注水后油井不见效，那么模型中两井河道砂体相连的预测就很有可能不合适，则所建微相模型的准确性就应受到怀疑。再如笔者在鄂尔多斯盆地延长组某区建模中，研究发现射孔有油井段厚砂体多为河道砂体沉积，利用射孔资料比对主河道砂体建模的准确性，其效果也很好，运用油田开发动态数据验证地质模型的准确性不但可靠而且具有实际意义。

四、存在的问题及今后的发展趋势

1. 研究中存在的问题

从以上分析不难看出，虽然目前关于沉积微相建模的方法和技术很多，从基础地质、各种地质统计学、计算机技术与数学方法相结合的随机模拟，一直到各种测井、地震等新的地球物理方法技术，但每种方法和技术都具有自身优势，同时又存在某些缺陷。这些缺陷有些是研究程度和实际的地质情况所致，有些则是受当前科学技术发展水平所制约。因此，如何选择适合研究目标的建模思路、建模方法和技术，最大限度地发挥各种方法和技术的优势而避免甚至消除其缺陷，就成为广大油藏描述工作者必须面对和解决的一大难题（尹艳树等，2006）。在精细油藏描述中进行沉积微相研究时，应该紧紧抓住井间微相预测至米级这一目标，一方面在熟悉研究区沉积概况的基础上优选适合研究区的建模技术、建模方法和建模软件，另一方面应该尽量多地在建模过程中加入研究者的地质思维，以提高建模精度和建模算法的地质意义。

2. 今后的发展趋势

三维沉积微相建模即应用多学科信息（尹艳树等，2007）在三维空间表征沉积微相的分布，是储层地质学及油藏描述的前沿研究方向，同时对提高油田开发效益具有十分重要的现实意义（武军昌等，2002；陈欢庆等，2006）。根据沉积微相建模的研究现状，笔者认为，其发展趋势主要表现在以下几个方面：（1）在详细的野外和地下地质解剖研究基础上不断建立和完善储层系列原型模型和地质知识库，为沉积微相建模提供可靠的沉积概念控制和地质统计学指导；（2）不断探索更加优化的算法，开发基于多点地质统计学方法（应用训练图像，即储层地质模式）等基础上新的建模软件，在建模过程中尽量多地体现研究者的地质思维；（3）尽量将多种建模技术和方法综合使用，取长补短，以提高建模精度和预测能力；（4）将更多的地质、地球化学、地球物理等相关学科的最新技术和成果运用到建模过程中（尹楠鑫等，2017），以提高建模精度和建模效率；（5）将随机建模与确定性建模相结合，努力实现预测性和准确性的有机结合；（6）充分发挥开发中后期密井网的优势，将油田开发动态数据加入到建模过程中，运用动态的思维进行沉积微相建模研究，在提高模型精度和预测能力的同时，提高模型在实际油田开发中的实用意义。

第六节　稠油热采油藏储层地质体成因分类评价

地质体作为蒸汽驱的基本单元，是热采的物质基础。对地质体的深入和准确认识，直接决定了蒸汽驱效果的好坏。因为，按照常规的稠油热采开发流程，一般都是先进行蒸汽吞吐，然后进行蒸汽驱。在蒸汽吞吐阶段，由于涉及储层的范围局限在生产井周围较小的范围内，因此，地质体研究的重要性就显得不那么重要。而蒸汽吞吐后期转蒸汽驱时，由于涉及注汽井与采油井之间的连通性，因此热采关注的储层范围大大增加；加之储层非均质性强烈，所以地质体的研究就显得十分必要，具有重要的生产实践意义。由于稠油热采需要一套开发层系中有效厚度要达到一定的标准要求（油层厚度10m），因此本书地质体的概念是指一套稠油蒸汽驱热采开发层系中（yI或yII油组），在空间上相互接触的不同地质单元，它可以包含纵向上为隔夹层所分隔，横向上有一定延伸范围的多个单砂体。这些地质体是一定地质时期形成的沉积物的组合，大体对应三级沉积旋回（或三级层序）。有关地质体的研究，前人做过大量工作，涉及油气的勘探开发以及各种固体矿产的相关研究（李成立等，1998；迟元林等，1999；杜庆龙等，2004；刘光鼎等，2006；王俊虎等，2008；翟光明等，2009；赵迎月等，2010；文武等，2011；刘传虎等，2012；李桂荣等，2012；吴胜和等，2013）。杜庆龙等（2004）从宏观到微观，将地质体划分为油藏规模级、油层规模级、层内规模级和孔隙规模级共四种，同时对不同规模地质体剩余油的形成与分布进行了分析。王俊虎等（2008）对地质体建模及三维可视化进行了研究。翟光明等（2009）对块体油气地质体与油气勘探的关系进行了分析。文武等（2011）对曲率在复杂地质体检测中的应用进行了分析，认为最大正曲率与最小负曲率有效结合可以很好地识别断层与河道。刘传虎等（2012）对准西车排子地区复杂地质体油气输导体系进行了研究。吴胜和等（2013）对碎屑岩沉积地质体构型分级方案进行了探讨。范宇等（2019）对三维地质体模型存储与重构方法进行研究，结果表明该方法对减少三维地质体模型存储量、数据的迁移共享交换有一定的价值。何紫兰等（2020）对复杂地质体三维实体建模方法进行改进，并详细阐述了四类复杂地质体的具体建模实现方法。郑雅丽等（2020）以呼图壁储气库为例，对油气藏型储气库地质体完整性内涵与评价技术进行探索。

总结有关地质体的研究现状，目前对与水驱开发储层地质体以及固体矿产类地质体研究较多，而对于稠油热采储层地质体分类研究还很少涉及。本书拟开展地质体地质成因分析研究，通过选取反映地质体基本属性的特征参数，对地质体开展分类评价工作，以期对蒸汽吞吐转蒸汽驱开发方式的转换提供参考依据。在调研前人对蒸汽驱开发储层地质影响因素分析基础上，优选充分反映储层地质体特征影响因素的参数有效厚度、净总厚度比、孔隙度、渗透率、渗透率变异系数和夹层频率等，完成稠油热采储层地质体分类评价，为油藏热采蒸汽吞吐转蒸汽驱开发方式的转换提供地质依据。工区和研究层位基本地质概况在本书第三章第二节中有详细介绍，在此不再赘述。

一、影响蒸汽驱开发的主要地质因素

稠油热采油藏蒸汽驱原理与常规的水驱开发有很大不同，例如在蒸汽驱过程中隔夹层的存在对蒸汽驱能量的消耗以及蒸汽驱过程中的超覆作用都是水驱开发过程中不会遇到的。因此蒸汽驱热采比普通的水驱开发影响因素更多，过程更加复杂。通过文献调研，发现前人对于蒸汽驱做过大量的物理模拟实验和数值模拟研究（刘文章，1997，1998）。刘文章（1997）通过模拟等研究手段，将影响热采效果的主要油藏地质条件及流体性质分成5个参数组，主要包括：（1）原油黏度及相对密度；（2）油藏深度；（3）油层纯厚度及纯厚/总厚度；（4）孔隙度、原始含油饱和度和储量系数；（5）油层渗透率。上述5个方面参数对稠油热采的影响作用已经为物理模拟实验、数值模拟以及油田现场实践所证实。参考前人研究，本书对目前研究区目的层已有的资料进行了对比分析。在研究区西北部原油的黏度和密度都要小于东南部，从这个方面讲，西北部的汽驱开发效果要好于东南部。统计目的层于楼油层的底深，多不超过1200m，而目前蒸汽驱油藏的深度正常可以达到1600m（刘文章，1997），因此对于蒸汽驱而言，油层深度方面不存在问题。蒸汽驱油藏最重要的油层条件是必须有足够的油层厚度，而且油层中的非含油致密夹层（页岩、泥质粉砂岩、黏土层等）要尽量少，油层越厚越好。因为注蒸汽过程中，进入油层的热能不断向油层顶盖层及底板层散失。此外，还有5项地质特征需要注意（刘文章等，1997）：（1）储层岩性；（2）油层压力；（3）地层倾角要小；（4）注采井之间的连通性要好；（5）边底水的干扰。本次分析目的层的地质特征，储层主要为不等粒砂岩和中—细砂岩，岩性适合蒸汽驱。目前研究区已经过蒸汽吞吐，地层压力较原始地层压力已有下降，适合蒸汽驱。研究区目的层的地层倾角在2°~10°之间，蒸汽地层超覆作用还不甚强烈。注采连通性也是本次研究十分重视的一个方面，从单砂体构型分析的结果来看，在同一水下分流河道砂体内部，注采井之间连通性较好，因此在蒸汽驱时应该充分考虑单砂体构型分析的成果。对于边底水的考虑，主要是控制地层压力快速大幅度下降，同时，应该利用封隔器等封堵水流优势通道，防止水窜。本书所说的单砂体是指自身垂向上和平面上都连续，但与上、下砂体间有泥岩或不渗透夹层分隔的砂体（张庆国等，2008）。这些单砂体存在于不同的地质体中，因为本次研究以开发层系yⅠ和yⅡ油组分别划分地质体，因此一个地质体中可以包含多个单砂体。

通过上述对研究区目的层油藏描述研究的认识和资料掌握状况，结合前人以及本次对影响蒸汽驱的主要地质因素的分析，选择有效厚度、净总厚度比、孔隙度、渗透率、渗透率变异系数和夹层频率等参数，作为地质体分类评价的参数标准。有效厚度和净总厚度比为主要的分类评价参数，孔隙度和渗透率为次级评价参数，而渗透率变异系数和夹层频率为参考指标（表 5-3）。在研究中主要应用的方法是地质统计学方法，结合笔者在储层流动单元和储层孔隙结构分类评价研究中的部分经验（陈欢庆等，2011，2013），完成地质体分类评价工作。本书在确定分类参数的权重、分类结果等的正确性时，提出了以下主要坚持的原则：（1）分类结果中某一类的结果不能少于总数据点的 5%，以避免个别奇异值的影响，通过这条原则也可以挑选出并剔除掉个别奇异值，前提是如果存在这样的奇异值；（2）分类结果不能与目前油田的开发现状发生明显的矛盾（主要利用蒸汽吞吐油井的注气量、产液量、产油量等），当然在利用这一项检验时应该注意到油井水淹的情况，如果油井水淹很快，即使是 A 类地质体，井上也可能产油量很低；（3）保证在分类结果中有效厚度、净总厚度比、孔隙度、渗透率等 4 项主要和次要参数在分类结果中均能充分体现，当前面 2 项主要参数与后面 2 项次要参数有偏差时，首先保证以主要参数为准，来调整评价参数的权重和分类评价结果；（4）分类结果与地质分析结果一致。以沉积微相研究为例，目的层扇三角洲前缘亚相可以划分为水下分流河道、水下分流河道间、河口沙坝、前缘席状砂和水下分流河道间泥共 5 种微相。其中储层以水下分流河道、水下分流河道间砂和河口沙坝为主。从砂体的规模和厚度等方面分析，A 类地质体一般对应水下分流河道等沉积微相，而 B 类地质体多为水下分流河道间砂等沉积微相。由于成岩作用在研究区目的层不甚发育，因此沉积微相是所有地质分析因素中最重要的佐证。当然，由于热采油藏储层要达到一定的厚度标准，因此这里所说的沉积微相与地质体之间的对应关系，实际上指的是一种优势相的概念。因为，某一个地质体可能包括几个不同沉积微相的单砂体（图 5-30）。从本质上讲，整个地质体分类评价的过程就是一个不断试验，不断调整修正和完善的过程，调整和完善的原则主要就是上面已经述及的 4 条。在研究过程中，不断调整修改参数的权重，重新统计，得出结果，利用上述原则检验，再调整和完善，如此循环，直至地质体分类评价的结果基本满足上述 4 条原则为止，最终实现地质体的分类评价目标，地质统计分析工作是在 Excel 软件中完成的（图 5-31），参数权重的调节由人工完成。

表 5-3　辽河盆地西部凹陷某区于楼油层地质体分类结果表

参数 分类		有效厚度 （m）	净总厚度比	孔隙度 （%）	渗透率 （mD）	渗透率变异 系数	夹层频率 （层/m）
A 类	最大值	56.57	0.662	37.20	3895.25	6.95	0.354
	最小值	30.11	0.343	29.89	432.89	0	0.126
	平均值	37.43	0.457	33.23	1796.68	3.34	0.207
B 类	最大值	46.61	0.548	36.75	4090.41	6.71	0.309
	最小值	12.29	0.184	27.43	131.55	0	0.060
	平均值	25.76	0.336	32.59	1624.66	3.13	0.177
C 类	最大值	47.22	0.562	38.45	5179.25	7.45	0.557
	最小值	0	0	0	0	0	0.026
	平均值	4.65	0.070	29.43	423.76	2.81	0.124

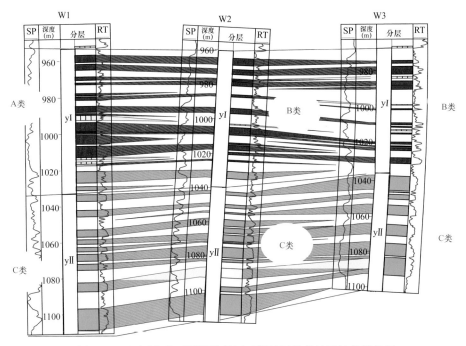

图 5-30 辽河盆地西部凹陷某区于楼油层单井地质体分类特征

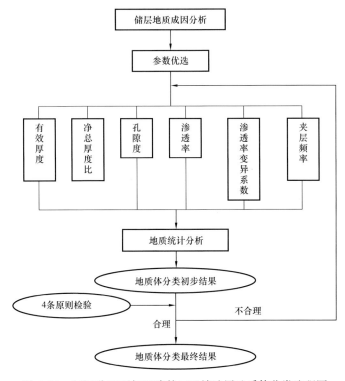

图 5-31 辽河盆地西部凹陷某区于楼油层地质体分类流程图

　　需要特别指出的是，上述地质体分类评价过程不是简单机械的重复过程，在每个试验过程中，均加入了地质分析因素来对地质统计学进行约束，充分体现了研究者的地质认识，是一个"人机交互"的过程。该过程实现了定性的地质分析与定量的统计学紧密结合，能够将地质体分类评价研究的结果最优化（陈欢庆等，2015）。

二、单井地质体分类评价

上已述及，目的层于楼油层分为 yⅠ 和 yⅡ 油组两套层系开发，因此考虑到目前开发现状，在地质体分类评价研究中将 yⅠ 和 yⅡ 油组分别作为整体来进行评价。选择上述 6 项参数，利用地质统计分析的方法，对 yⅠ 和 yⅡ 油组共 470 个有效数据点进行统计分析，完成地质体分类评价工作（表 5-3）。从单井地质体分类结果来看（图 5-30），A 类和 B 类地质体主要集中发育在 yⅠ 油组，而 yⅡ 油组主要是 C 类地质体。因此扩大试验区蒸汽吞吐转蒸汽驱应该将 yⅠ 油组作为重点目标层位。从井上看，A 类地质体主要表现在油层厚度大（一般大于 35m），净总厚度比高（一般可达 0.45），孔隙度大于 30%，渗透率多在 1500mD 以上，最小也接近 500mD。C 类地质体油层厚度一般小于 5m，净总厚度比小于 0.1，孔隙度也在 30% 以下，而渗透率基本在 400mD 以下。B 类地质体的各项性质指标介于 A 类地质体和 C 类地质体之间，为蒸汽驱次级关注的目标。C 类地质体以泥质层或者水层为主，目前基本不具备经济开发价值。从地质成因上分析，A 类和 C 类地质体多对应水下分流河道砂体，只是前者主要为油层，后者多为水层而已。这类砂体一般单层厚度大，侧向延伸距离远，岩心疏松，孔隙度和渗透率都比较大，物性好。B 类地质体多对应水下分流河道间砂或者席状砂等沉积微相，砂体厚度薄，侧向连通性差，延伸距离短，而且一般孔隙度和渗透率也比较差。

三、井组地质体分类评价

井组作为最基本的开发单元，因此分析一个井组内或者不同井组地质体的分类特征，可以直接指导蒸汽驱生产。本书将不同单井的地质体分类结果绘制连井剖面图，分析一个井组内地质体类型的变化，由此确定井间储层的连通性，进而确定蒸汽驱的效果。地质体在空间上具有一定的规模，单井地质体是一个井点信息，表明该井位于哪一类地质体之上，而井组地质体表现的是包含一定空间范围的概念，一个井组可以由一个或者多个地质体所组成，这些地质体可以是同一类，也可能属于不同类，前者表示同井组内储层连通性好（对于 A 类和 B 类地质体而言），后者则正好相反。不管是单井地质体，还是井组地质体，只是地质体研究过程中的一个环节，真正的地质体概念只有一个，本书前言中已有介绍，在此不再赘述。

完成了目的层单井地质体分类评价，研究中还对不同的开发井组地质体分类评价结果与油田开发现状之间的对应关系进行分析。以试验区 W6 井组为例，对比井组地质体分类评价结果与井组产液量之间的关系（图 5-32）。在该井组中 W6 井为注汽井，W7、W8、W9 和 W10 为采油井。北部的 W7 和 W8 井主力层 yⅠ 均划分为 A 类地质体，南部的 W9 和 W10 主力层 yⅠ 均划分为 B 类地质体。对比上述 4 口采油井，发现主力层 yⅠ 对应 A 类地质体的井产油量明显高于 B 类地质体所对应的井，证明地质体对开发效果具有十分重要的控制作用。对研究区其余井组分析也有类似的结论，这也证明本次在地质体分类评价研究中参数的选取是合适的，同时分类结果也是真实可信的。需要指出的是，在少数井主力层 yI 划分为 A 类，但是产油量较少，是由于 yI 在投入开发后较短时间内就水淹的缘故。对比同一井组中不同的产油井，虽然处于 B 类地质体上的井产量明显要低于处于 A 类地质体上的井，但是有些 B 类地质体上的井产量也还是相对可观的。由于完善井网和开发层系的合理划分等生产措施的实施，部分区域的 B 类地质体发育的区域，也可以作为蒸汽驱考虑的对象，只是在布井时要非常谨慎，尽可能减少蒸汽驱过程中的热能量损失，同时也要考虑 B 类地质体与 A 类地质体相比储层注采井之间连通性变差等实际情况，避免出现生产措施方面的失误。

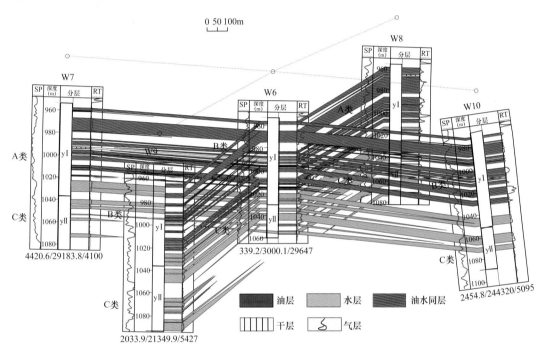

图 5-32　辽河盆地西部凹陷某区于楼油层 W6 井组地质体分类评价成果图
井下部的数字代表：产油量（10^4t）/产水量（10^4m³）/注汽量（10^4m³）

四、地质体平面发育特征及其对开发效果影响

从地质体分类评价结果平面分布特征看（图 5-33、图 5-34），地质体的平面发育特征受沉积微相控制作用明显，不同类型地质体平面分布大体与沉积微相发育特征一致，呈北西—南东向平行物源分布。yI 油层组以 A 类和 B 类地质体为主，地质体分类结果与开发效果匹配较好，蒸汽驱开发效果受地质体控制，在地质体评价为 C 类的区域，通常蒸汽热采开发效果较差，在扩大试验区开展蒸汽驱，应该以 A 类地质体发育的区域为重点。

yII 油层组以 C 类地质体为主，只是在研究区的东北部局部发育 B 类地质体，同时有零星分布的 A 类地质体。对比地质体分类平面分布图和单井累产液平面分布图，产液量大，特别是产油量较大的区域主要位于 B 类地质体发育的区域，这也证明本次地质体分类的可靠性。局部受到井网完善程度、水淹层、井网本身不规则及工艺措施等方面的影响，个别井组地质体评价为 A 类，而开发效果为 C 类，这些区域为动态调整的重点区域。

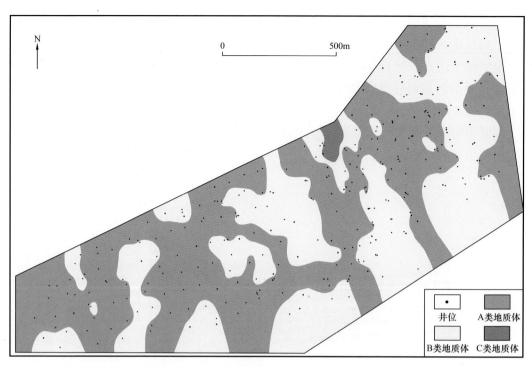

图 5-33　辽河盆地西部凹陷某区于楼油层 yⅠ 油层组不同地质体类型平面分布特征

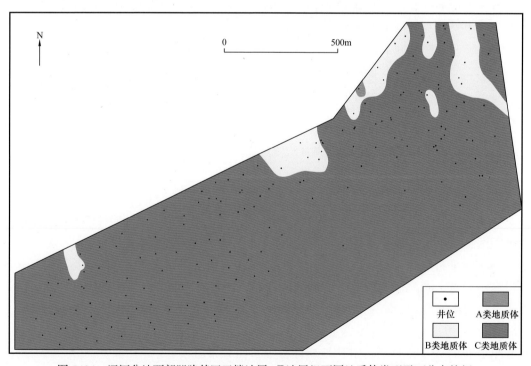

图 5-34　辽河盆地西部凹陷某区于楼油层 yⅡ 油层组不同地质体类型平面分布特征

　　A 类地质体发育的区域砂体厚度大，侧向连通性好，非均质性弱，可以保证蒸汽驱前缘较均匀推进。同时由于隔夹层不太发育，可以减少蒸汽驱过程中的热量损失，提高蒸汽驱开发的经济可行性。对于局部容易发生汽窜的特高渗部位，应该采取措施封堵汽窜通道，同时应该合理选择蒸汽泡沫剂进行层内和层间调控或者选用选择球选择性注汽；还应该注意尽量使同一注采井组处于相同的地质体内，以保证注汽井注汽，采油井能很好地见效。在纵向上应该充分考虑 yⅠ 和 yⅡ 这两个不同的开发层系之间的分界位置，采用封隔器防止边底水水窜。

第七节　小　　结

（1）地层精细划分与对比是油气田开发工作的最基础的研究内容之一。利用高分辨率层序地层学研究划分对比地层，首先应该坚持沉积模式的指导，以保证研究者对地层发育规律宏观上的准确把握。同时高分辨率层序地层学对地层划分与对比的方案应该适应开发中后期生产实践的需求。

（2）单层划分方案的确定主要依据以下原则：① 超过 50% 的单层划分结果中只发育 1 套单砂体；② 单层中砂体的厚度整体上不超过单期河道砂体的最大厚度，以保证纵向上叠置的砂体被分开；③ 进行单层划分时井网的密度要达到一定的程度，要能保证在侧向上接近或小于单河道的宽度，确保将不同单期河道划分开；④ 单层分层界限多对应电导率曲线最大值，指示湖泛面的位置；⑤ 单层划分的地质年代大体对应于 0.03Ma 左右；⑥ 单层划分的结果大体对应高分辨率层序地层学中短期基准面旋回；⑦ 单层划分结果基本对应层序地层学中五级层序的级别；⑧ 在非取心井上，多数单层的界限可以参考关键井短期基准面旋回响应模型划分出（即短期基准面旋回的划分在非取心井上可操作）。

（3）井震资料紧密结合是高分辨率层序地层学研究的基础。在保证大尺度地层格架准确的基础上可以实现地层的精细划分与对比。关键井不同级次基准面旋回响应模型的建立是高分辨率层序地层学研究的核心问题之一。高分辨率层序地层学分析要与传统的地层划分与对比方法相结合。高分辨率层序地层学最主要的成果就是对不同级次沉积基准面旋回的识别和对比，达到细分层系的目的。传统的标志层对比、沉积旋回特征、测井曲线形态变化、储层流体性质改变等可以与高分辨率层序地层学紧密结合，相互印证和补充，建立高精度等时地层格架。

（4）不同类型冲积扇的沉积物特征各异，对于储层沉积学分析以及油气勘探开发意义重大。冲积扇类型受气候、构造和沉积等多方面因素控制，可划分为湿润扇和干旱扇两大类。

（5）准噶尔盆地西北缘下克拉玛依组 S7^4 至 S7^1 层泥岩呈还原色，S6^3 层泥岩呈氧化色。扇中亚相冲刷—充填构造发育，砾岩大多分选差，结构成熟度低。S7^4 至 S6^3 表现为正旋回，指示气候逐渐由湿润变为干燥，冲积扇类型属于湿润型向干旱型过渡的中间类型。

（6）准噶尔盆地西北缘下克拉玛依组冲积扇类型对砂体形态控制作用明显。湿润扇河流作用更发育，扇体以席状形态为特征，干旱扇以碎屑流为主，扇体多呈厚楔状体。研究区 S7 沉积时期冲积扇以河流作用为主。不同类型冲积扇所形成的沉积砂体沉积成因各异，在油藏开发时应区别对待。

（7）松辽盆地徐东地区营城组一段火山岩储层为多期次喷发形成的，火山岩岩石类型繁多，共分为 10 种岩石类型，包括流纹岩、玄武岩、流纹质角砾熔岩、流纹质凝灰熔岩、流纹质熔结角砾岩、流纹质熔结凝灰岩、流纹质凝灰岩、流纹质火山角砾岩、沉凝灰岩和沉火山角砾岩等，其中以流纹岩、流纹质凝灰岩和沉火山角砾岩最为发育。火山口对火山岩体具有重要的控制作用，在火山岩体的不同部位发育不同的火山岩相类型。火山口和火山岩相明显受断裂控制，该区火山喷发类型为裂隙—中心式喷发。

（8）松辽盆地徐东地区营城组一段火山岩储层火山岩相可以划分为火山通道相、侵出相、爆发相、溢流相和火山沉积相等 5 种类型，进一步细分为火山颈亚相、次火山亚相、隐爆角砾岩亚相、内带亚相、中带亚相、外带亚相、溅落亚相、热碎屑流亚相、热基浪亚相、空落亚相、顶部亚相、上部亚相、中部亚相、下部亚相、含外碎屑亚相和再搬运亚相等 16 种亚相，其中爆发相和溢流相最为发育。

（9）松辽盆地徐东地区营城组一段火山岩储层火山岩的物性与火山岩岩性和岩相关系密切，火山岩储层的物性和储集空间类型、特征及其变化主要受到火山岩相和火山岩亚相的控制。火山岩的物性以爆发相溅落亚相最好（平均有效孔隙度为 9.00%、平均总渗透率为 4.793mD）。火山岩储层主要发育于爆发相和溢流相中，少数发育于其他相带。受火山岩体和火山喷发作用以及后期的构造抬升和差异压实等作用的影响和控制，有利亚相分别是爆发相溅落亚相、空落亚相、侵出相外带亚相、中带亚相、溢流相下部亚相、顶部亚相、上部亚相、火山通道相的火山颈亚相。

（10）受扇三角洲前缘水下分流河道不断分流改道的影响，辽河盆地西部凹陷于楼油层沉积渗流屏障在研究区目的层发育变化较大。一般在水下分流河道间泥和水下分流河道间砂的位置，沉积渗流屏障较发育，而在水下分流河道和河口沙坝的位置，渗流屏障不发育。从北西向南东方向，随着与物源区距离逐渐增加，沉积物粒度逐渐变小，渗流屏障的发育程度也逐渐增强。受沉积物源影响，总体上不同厚度的沉积渗流屏障大体呈北西—南东条带状展布。热采方式转换过程中应该充分考虑渗流屏障在平面上的分布特点，保证注汽井和采油井之间不被渗流屏障分隔，注采见效好。

（11）辽河盆地西部凹陷于楼油层发育的渗流屏障以泥岩、粉砂质泥岩为主，有效厚度确定为 1m。渗流屏障的存在使得注采关系复杂化，降低了蒸汽驱油效率。渗流屏障的存在，降低了蒸汽驱油的热效率和经济有效性。单层之间渗流屏障发育的区域可以进行分层注汽，渗流屏障不发育的地方，分层注汽容易汽窜。由于渗流屏障的存在，导致注汽井和采油井之间注采对应差，蒸汽驱效果不理想。在注采井网部署调整时应该充分考虑到渗流屏障对开发的影响。

（12）对于辽河盆地西部凹陷于楼油层稠油热采油藏而言，在具体进行蒸汽驱实施时，首先应该通过精细的单层级别沉积微相和隔夹层分析，搞清油层有效厚度和隔夹层在空间的发育特征；然后合理划分热采层系，打开注汽层下部 1/2 或更少，减少蒸汽超覆作用的影响。同时可以采用蒸汽泡沫剂进行层间或层内调控，还可以利用封隔器分层注汽，利用选择球选择性注汽等。

（13）精细油藏描述是油气田开发中后期研究的热点，其核心是建立储层地质模型，而沉积微相建模是储层地质模型研究的主要内容之一。地质建模的基础包括沉积学分析、运用高分辨率层序地层学等方法建立地层分层数据库，以及构造和储层地质成因分析。

（14）沉积微相地质建模的方法主要包括：基于水平井资料和露头信息的三维沉积微相建模、基于地质和地震信息的三维沉积微相随机建模、基于标点过程的随机模拟方法建模、基于测井资料和油田开发动态数据等与地质思维紧密结合的建模、基于构型分析的建模、基于井间地震技术的建模等。建模中应注意的问题包括：建模方法和技术的选择、建模软件的选择、相模型验证及优选的原则。

（15）精细油藏描述中沉积微相地质建模面临的最大问题是各种地质建模方法均存在优缺点，如何选择适合研究目标的建模思路、建模方法和技术，最大限度地发挥各种方法和技术的优势而避免甚至消除其缺陷。该项研究的发展趋势主要表现在以下几个方面：① 在详细的野外和地下地质解剖研究基础上不断建立和完善储层系列原型模型和地质知识库，为沉积微相建模提供可靠的沉积概念控制和地质统计学指导；② 不断探索更加优化的算法，开发基于多点地质统计学（应用训练图像，即储层地质模式）等方法上新的建模软件，在建模过程中尽量多地体现研究者的地质思维；③ 尽量将多种建模技术和方法综合使用，取长补短，以提高建模精度和预测能力；④ 将更多的地质、地球化学、地球物理等相关学科的最新技术和成果运用到建模过程中，以提高建模精度和建模效率；⑤ 将随机建模与确定性建模相结合，努力实现预测性和准确性的有机结合；⑥ 充分发挥开发中后期密井网的优势，将油田开发动态数据加入到建模过程中，运用动态的思维进行沉积微相建模研究，在提高模型精度和预测能力的同时，提高模型在实际油田开发实践中的实用意义。

（16）地质体作为蒸汽驱的基本单元，是热采的物质基础。对于地质体的深入和准确认识，直接决定了蒸汽驱效果的好坏。选择有效厚度、净总厚度比、孔隙度、渗透率、渗透率变异系数和夹层频率等参数，作为地质体分类评价的参数标准。有效厚度和净总厚度比为主要的分类评价参数，孔隙度和渗透率为次级评价参数，而渗透率变异系数和夹层频率为参考指标。将辽河盆地西部凹陷于楼油层地质体划分为 A 类、B 类和 C 类等 3 种类型。

（17）辽河盆地西部凹陷于楼油层地质体平面分布特征受沉积微相控制作用明显。A 类和 B 类地质体主要集中发育在 yI 油组，yII 油组主要是 C 类地质体。因此扩大试验区蒸汽吞吐转蒸汽驱应该将 yI 油组作为重点目标层位。从井上看，A 类地质体主要表现在油层厚度大（一般大于 35m），净总厚度比高（一般可达 0.45），孔隙度大于 30%，渗透率多在 1500mD 以上，最小也接近 500mD。C 类地质体油层厚度一般小于 5m，净总厚度比小于 0.1，孔隙度也在 30% 以下，而渗透率基本在 400mD 以下。B 类地质体的各项性质指标介于 A 类地质体和 C 类地质体之间，为蒸汽驱次级关注的目标。C 类地质体以泥质层或者水层为主，目前基本不具备经济开发价值。

（18）辽河盆地西部凹陷于楼油层在蒸汽吞吐转蒸汽驱过程中，应该尽量选择 A 类地质体的部位实施措施。对于局部容易发生汽窜的特高渗部位，应该采取措施封堵汽窜通道。同时应该合理选择蒸汽泡沫剂进行层内和层间调控或者选用选择球选择性注汽。同时应该注意尽量使同一注采井组处于相同的地质体内，以保证注汽井注汽，采油井能很好地见效。在纵向上应该充分考虑 yI 和 yII 这两个不同的开发层系之间的分界位置，采用封隔器防止边底水水窜。

参考文献

鲍志东，刘凌，张冬玲，等，2005.准噶尔盆地侏罗系沉积体系纲要［J］.沉积学报，23（2）：194-202.

鲍志东，赵立新，王勇，等，2009.断陷湖盆储集砂体发育的主控因素——以辽河西部凹陷古近系为例［J］.现代地质，23（4）：676-682.

蔡建琼，于惠芳，朱志洪，等，2006.SPSS统计分析实例精选［M］.北京：清华大学出版社.

操应长，姜在兴，2003.沉积学实验方法和技术［M］.北京：石油工业出版社.

曹辉，郭全仕，唐金良，等，2006.井间地震资料特点分析［J］.勘探地球物理进展，29（5）：312-317.

曹辉，2002.井间地震技术发展现状［J］.勘探地球物理进展，25（6）：6-10.

巢华庆，黄福堂，聂锐利，等，1995.保压岩心油气水饱和度分析及脱气校正方法研究［J］.石油勘探与开发，22（6）：73-77.

陈程，孙义梅，贾爱林，2006.扇三角洲前缘地质知识库的建立及应用［J］.石油学报，27（2）：53-57.

陈方举，2015.贝尔凹陷南屯组钙质泥岩地质成因及其石油地质意义［J］.东北石油大学学报，39（2）：42-50，93.

陈飞，罗平，张兴阳，等，2010.陕北地区上三叠统延长组三角洲骨架砂体粒度特征［J］.沉积学报，28（1）：58-67.

陈欢庆，曹晨，梁淑贤，等，2013.储层孔隙结构研究进展［J］.天然气地球科学，24（2）：227-237.

陈欢庆，胡海燕，吴洪彪，等，2019.油气田开发中油气藏地质成因分析［J］.地质科学，54（1）：192-212.

陈欢庆，胡永乐，靳久强，等，2011.多信息综合火山岩储层裂缝表征：以徐深气田徐东地区营城组一段火山岩储层为例［J］.地学前缘，18（2）：294-303.

陈欢庆，胡永乐，靳久强，等，2011.松辽盆地徐东地区下白垩统火山岩储层流动单元研究［J］.中国地质，38（6），1430-1439.

陈欢庆，胡永乐，冉启全，等，2011.火山岩气藏储层岩相特征及其对储层物性的影响——以徐深气田徐东地区白垩系营城组一段火山岩为例［J］.岩石矿物学杂志，30（1）：60-70.

陈欢庆，胡永乐，冉启全，等，2012.徐东地区营城组一段火山岩喷发模式特征［J］.西南石油大学学报（自然科学版），34（1）：41-48.

陈欢庆，胡永乐，石成方，2016.松辽盆地火山岩储层单要素表征与定量评价［M］.北京：石油工业出版社.

陈欢庆，蒋平，张丹锋，等，2013.火山岩储层孔隙结构分类与分布评价：以松辽盆地徐东地区营城组一段火山岩储层为例［J］.中南大学学报（自然科学版），44（4）：1453-1463.

陈欢庆，梁淑贤，荐鹏，等，2015.稠油热采储层渗流屏障特征——以辽河西部凹陷某试验区于楼油层为例［J］.沉积学报，33（3）：616-624.

陈欢庆，梁淑贤，李文青，2019.油气田开发中构造地质成因分析［J］.高校地质学报，25（3）：444-456.

陈欢庆，梁淑贤，舒治睿，等，2015.冲积扇砾岩储层构型特征及其对储层开发的控制作用——以准噶尔盆地西北缘某区克下组冲积扇储层为例［J］.吉林大学学报（地球科学版），45（1）：13-24.

陈欢庆，林春燕，张晶，等，2013.储层成岩作用研究进展［J］.大庆石油地质与开发，32（2）：1-9.

陈欢庆，穆建东，王珏，等，2017.扇三角洲沉积储层特征与定量评价——以辽河西部凹陷某试验区于楼油层为例［J］.吉林大学学报（地球科学版），47（1）：14-24.

陈欢庆，石成方，曹晨，2016.精细油藏描述研究中的几个问题探讨［J］.石油实验地质，38（5）：569-576.

陈欢庆，石成方，胡海燕，等，2017.低油价下精细油藏描述研究的思考与对策［J］.地质科技情报，36（5）：85-91.

陈欢庆，舒治睿，林春燕，等，2014.粒度分析在砾岩储层沉积环境研究中的应用——以准噶尔盆地西北缘某区克下组冲积扇储层为例［J］.西安石油大学学报（自然科学版），29（6）：6-12，34.

陈欢庆，许磊，刘畅，等，2015.辽河盆地于楼油层地质体的分类评价［J］.大庆石油地质与开发，34（5）：45-51.

陈欢庆，赵应成，高兴军，等，2014.高分辨率层序地层学在地层精细划分与对比中的应用——以辽河西部凹陷某试验区于楼油层为例［J］.地层学杂志，38（3）：317-323.

陈欢庆，赵应成，高兴军，等，2014.准噶尔盆地西北缘克下组冲积扇类型［J］.大庆石油地质与开发，33（2）：6-9.

陈欢庆，朱筱敏，董艳蕾，等，2009.深水断陷盆地层序地层分析与岩性——地层油气藏预测［J］.石油与天然气地质，30（5）：626-634.

陈欢庆，朱筱敏，张功成，等，2010.琼东南盆地深水区古近系陵水组疏导体系特征［J］.84（1）：138-148.

陈欢庆，朱筱敏，2008.精细油藏描述中的沉积微相建模进展［J］.地质科技情报，27（2）：73-79.

陈欢庆，朱玉双，李庆印，等，2006.安塞油田杏河区长6油层组沉积微相研究［J］.西北大学学报：自然科学版，36（2）：295-300.

陈欢庆，2012.火山岩储层层内非均质性定量评价——以松辽盆地徐东地区营城组一段为例［J］.中国矿业大学学报，41（4）：641-649，685.

陈丽华，王家华，李应暹，等，2000.油气储层研究技术［M］.北京：石油工业出版社.

陈培元，王峙博，郭丽娜，等，2019.基于地质成因的多参数碳酸盐岩储层定量评价［J］.西南石油大学学报（自然科学版），41（4）：55-64.

陈世加，马力宁，林峰，2001.用储层抽提物的化学性质识别油气水层［J］.测井技术，25（2）：136-138.

陈世军，刘洪，周建宇，等，2003.井间地震技术的现状与展望［J］.地球物理学进展，18（3）：524-529.

陈新民，梁柱，殷茵，2007.温西3区块三间房组储层流动单元划分［J］.石油地质与工程，21（4）：36-39.

迟元林，李斌，苏勇，1999.地质体的二维数值剖分［J］.大庆石油地质与开发，18（1）：14-16.

戴俊生，徐建春，孟召平，等，2003.有限变形法在火山岩裂缝预测中的应用［J］.石油大学学报（自然科学版），27（1）：1-3，10.

邓宏文，王洪亮，祝永军，等，2002.高分辨率层序地层学原理及应用［M］.北京：地质出版社.

邓攀，陈孟晋，高哲荣，等，2002.火山岩储层构造裂缝的测井识别及解释［J］.石油学报，23（6）：32-36.

董冬，向龙斌，程建莉，等，2017.曲堤断鼻应力成因机制及对构造和油气的控制作用［J］.地质科技情报，36（3）：27-32.

董伟，2016.碎屑岩油气藏相控地质建模技术研究与应用［M］.北京：科学出版社，

窦松江，于兴河，李才雄，2004.流动单元研究在北大港油田中的应用［J］.石油与天然气地质，25（1）：26-30.

杜庆龙，王元庆，朱丽红，等，2004.不同规模地质体剩余油的形成与分布研究［J］.石油勘探与开发，增刊，31：95-99.

段太忠，王光付，廉培庆，等，2019.油气藏定量地质建模方法与应用［M］.北京：石油工业出版社.

范宇，简季，陈倩羽，等，2019.一种改进的三维地质体模型存储与重构方法［J］.地质与勘探，55（1）：203-211.

丰成君，张鹏，戚帮申，等，2017.郯庐断裂带附近地壳浅层现今构造应力场［J］.现代地质，31（1）：46-70.

冯文杰，吴胜和，夏钦禹，等，2015.基于地质矢量信息的冲积扇储层沉积微相建模：以克拉玛依油田三叠系克下组为例［J］.高校地质学报，21（3）：449-460.

冯玉辉，黄玉龙，丁秀春，等，2014.辽河盆地东部凹陷中基性火山岩相地震响应特征及其机理探讨［J］.石油物探，53（2）：207-215.

冯增昭，1994.沉积岩石学［M］.北京：石油工业出版社.

付宪弟，王胜男，张亮，等，2013.松辽盆地榆树林—肇州地区葡萄花油层沉积相类型及沉积演化特征［J］.岩性油气藏，25（2）：26-30，35.

高建，2011.洪积扇砂砾岩储层岩石相及剩余油分布［J］.大庆石油地质与开发，30（6）：62-65.

高磊，明君，闫涛，等，2013.地震属性综合分析技术在泥岩隔夹层识别中的应用［J］.岩性油气藏，25（4）：101-105.

高永利，孙卫，张昕，2013.鄂尔多斯盆地延长组特低渗透储层微观地质成因［J］.吉林大学学报（地球科学版），43（1）：13-19.

葛东升，刘玉明，柳雪青，等，2018.粒度分析在致密砂岩储层及沉积环境评价中的应用［J］.特种油气藏，25（1）：41-45，72.

葛君，张泽坤，倪金龙，等，2015.牟平—即墨断裂带南端断裂构造特征及动力学成因［J］.现代地质，29（4）：747-753.

宫广胜，高建，2011.洪积扇砂砾岩储层在基准面旋回控制下的小层对比［J］.大庆石油地质与开发，30（6）：18-22.

宫清顺，黄革萍，倪国辉，等，2010.准噶尔盆地乌尔禾油田百口泉组冲积扇沉积特征及油气勘探意义［J］.沉积学报，28（6）：1135-1144.

苟启洋，徐尚，郝芳，等，2019.基于微米CT页岩微裂缝表征方法研究［J］.地质学报，93（9）：2372-2382.

郭秀蓉，程守田，刘星，2001.油藏描述中的小层划分与对比——以垦西油田K71断块东营组为例［J］.

地质科技情报，20（2）：55-58.

郭振华，王璞珺，印长海，等，2006. 松辽盆地北部火山岩岩相与测井相关系研究［J］. 吉林大学学报（地球科学版），36（2）：207-214.

韩大匡，2010. 关于高含水油田二次开发理念、对策和技术路线的探讨［J］. 石油勘探与开发，37（5）：583-591.

何紫兰，朱鹏飞，白芸，等，2020. 复杂地质体三维实体建模方法［J］. 地质与勘探，56（1）：190-197.

侯景儒，尹镇南，李维明，等，1998. 实用地质统计学［M］. 北京：地质出版社.

胡红，李强，熊玉芹，等，2000. 利用BP人工神经网络建立油气水层解释模型［J］. 录井技术，11（4）：13-18.

胡加山，隋志强，刘成斋，2009. 东营凹陷南部重力异常地质成因［J］. 油气地质与采收率，16（2）：39-42.

胡秋媛，董大伟，赵利，等，2016. 准噶尔盆地车排子凸起构造演化特征及其成因［J］. 石油与天然气地质，37（4）：556-564.

胡望水，程超，王炜，等，2010. 储层宏观非均质性研究——以吉林油田大208区黑帝庙油层为例［J］. 地质科学，45（2）：466-475.

胡向阳，熊琦华，吴胜和，2001. 储层建模方法研究进展［J］. 石油大学学报：自然科学版，25（1）：107-112.

胡向阳，熊琦华，吴胜和，等，2002. 标点过程随机模拟方法在沉积微相研究中的应用［J］. 石油大学学报：自然科学版，26（2）：19-30.

胡永章，卢刚，王毅，等，2009. 鄂尔多斯盆地杭锦旗区块油气水分布及主控因素分析［J］. 成都理工大学学报（自然科学版），36（2）：128-132.

黄东，汪华，陈利敏，等，2012. 中国南方地区碳酸盐岩储层高电阻率水层地质成因——以川西地区下二叠统栖霞组为例［J］. 天然气工业，32（11）：22-26.

黄福堂，冯子辉，1996. 松辽盆地王府凹陷油气水地化特征与油源对比［J］. 石油勘探与开发，23（6）：28-33.

黄福堂，谭伟，冯子辉，1997. 松辽盆地北部地层水的物理化学性质和特征［J］. 大庆石油地质与开发，16（3）：22-25.

黄薇，邵红梅，赵海玲，等，2006. 松辽盆地北部徐深气田营城组火山岩储层特征［J］. 石油学报，增刊，27：47-51.

黄延章，于大森，2001. 微观渗流实验力学及其应用［M］. 北京：石油工业出版社.

黄彦庆，张昌民，汤军，等，2007. 克拉玛依油田六中区克下组沉积微相及其含油气性［J］. 天然气地球科学，18（1）：67-70.

回雪峰，吴锡令，谢庆宾，等，2003. 大港油田原始低电阻率油层地质成因分析［J］. 勘探地球物理进展，26（4）：329-332.

纪友亮，2009. 油气储层地质学［M］. 东营：中国石油大学出版社，55-134.

姜福聪，李忠权，李洪奎，等，2016. 大庆葡南油田黑帝庙油层油气水分布规律［J］. 成都理工大学学报（自然科学版），43（6）：671-678.

姜在兴，2003.沉积学［M］.北京：石油工业出版社，270-282.

蒋明丽，2009.粒度分析及其地质应用［J］.石油天然气学报（江汉石油学院学报），31（1）：161-163.

金志勇，2009.支持向量机在识别渗流优势通道中的应用［J］.大庆石油地质与开发，28（6）：178-180.

匡建超，徐国盛，王允诚，等，2001.致密碎屑岩储层裂缝和产能预测的单井建模——以XZ气田沙溪庙
　　组为例［J］.矿物岩石，21（2）：62-67.

兰朝利，吴峻，张为民，等，2001.冲积沉积构型单元分析法——原理及其适用性［J］.地质科技情报，
　　20（2）：37-40.

李成立，谢春临，吕庆田，1998.利用位场功率谱计算地质体顶底深度效果［J］.大庆石油地质与开发，
　　17（5）：45-48.

李春林，刘立，王丽，2004.辽河坳陷东部凹陷火山岩构造裂缝形成机制［J］.吉林大学学报（地球科学
　　版），34（5）：46-50.

李桂荣，刘益中，李成立，2012.磁性地质体顶底界面埋藏深度反演［J］.大庆石油地质与开发，31（6）：
　　170-174.

李国永，徐怀民，路言秋，等，2010.准噶尔盆地西北缘八区克下组冲积扇高分辨率层序地层学［J］.中
　　南大学学报（自然科学版），41（3）：1124-1131.

李浩，刘双莲，魏修平，等，2015.隐性测井地质信息的识别方法［J］.地球物理进展，30（1）：195-
　　202.

李克文，秦同洛，沈平平，1989.根据孔隙的概率分布计算油气水三相相对渗透率曲线的方法研究［J］.
　　石油学报，10（4）：65-73.

李明刚，漆家福，童亨茂，等，2010.辽河西部凹陷新生代断裂构造特征与油气成藏［J］.石油勘探与开
　　发，37（3）：281-288.

李庆昌，吴虻，赵立春，等，1997.砾岩油田开发［M］.北京：石油工业出版社.

李伟，任健，刘一鸣，等，2015.辽东湾坳陷东部新生代构造发育与成因机制［J］.地质科技情报，34（6）：
　　58-63.

李相博，姚泾利，刘化清，等，2013.鄂尔多斯盆地中生界低幅度隆起构造成因类型及其对油气分布的控
　　制作用［J］.现代地质，27（4）：755-764，773.

李新红，王萍，胡景双，等，2009.高集油田微构造特征及成因类型分析［J］.复杂油气藏，2（2）：
　　16-19.

李阳，2001.复杂断块油藏构造表征［M］.北京：石油工业出版社.

李阳，刘建民，2007.油藏开发地质学［M］.北京：石油工业出版社.

李勇，宋宗平，李琼，等，2009.地震相和测井相联合预测火山岩相分布特征研究［J］.矿物岩石，29（1）：
　　106-113.

李宇平，范小军，2015.西藏地区伦坡拉盆地牛堡组原油稠化地质成因［J］.油气地质与采收率，22（6）：
　　32-35，46.

李云海，吴胜和，李艳平，等，2007.三角洲前缘河口坝储层构型界面层次表征［J］.石油天然气学报（江
　　汉石油学院学报），29（6）：49-52.

梁莹，2007.辽河油田红星地区油气水层二次解释评价［J］.录井工程，18（2）：29-31.

林承焰, 侯连华, 董春梅, 等, 1997. 应用地质统计学方法识别隔夹层——以辽河西部凹陷沙三段为例 [J]. 石油实验地质, 19 (3): 245-251.

林煜, 吴胜和, 岳大力, 等, 2013. 扇三角洲前缘储层构型精细解剖——以辽河油田曙 2-6-6 区块杜家台油层为例 [J]. 天然气地球科学, 24 (2): 335-344.

刘传虎, 王学忠, 2012. 准西车排子地区复杂地质体油气疏导体系研究 [J]. 石油实验地质, 34 (2): 129-133.

刘光鼎, 张丽莉, 祝靓谊, 2006. 试论复杂地质体的油气地震勘探 [J]. 地球物理学进展, 21 (3): 683-686.

刘海龄, 吴世敏, 阎贫, 1998. 断裂研究最新进展与南海断裂研究展望 [J]. 南海研究与开发, (1), 35-42.

刘军, 李少华, 汪海涛, 2003. 应用顺序指示随机模拟法研究沉积微相 [J]. 大庆石油地质与开发, 22 (2): 11-46.

刘立, 谢文彦, 焦立娟, 等, 2003. 辽河断陷盆地东部凹陷新生代火山岩裂缝成因探讨 [J]. 特种油气藏, 10 (1): 18-21.

刘太勋, 徐怀民, 尚建林, 等, 2006. 准噶尔盆地冲积扇储层流动单元研究 [J]. 西安石油大学学报 (自然科学版), 21 (6): 24-27.

刘文章, 1997. 稠油注蒸汽热采工程 [M]. 北京: 石油工业出版社.

刘文章, 1998. 热采稠油油藏开发模式 [M]. 北京: 石油工业出版社.

刘显太, 王军, 刘远刚, 等, 2014. 三角洲储层地质知识库系统设计与实现 [M]. 北京: 石油工业出版社.

刘彦锋, 尹志军, 李进步, 等, 2012. 多点地质统计学在苏 49-01 井区沉积微相建模中的应用 [J]. 中国石油勘探, 4: 41-46.

刘寅, 陈清华, 胡凯, 等, 2014. 渤海湾盆地与苏北—南黄海盆地构造特征和成因对比 [J]. 大地构造与成矿学, 38 (1): 38-51.

刘泽容, 信荃麟, 邓俊国, 等, 1998. 断块群油气藏形成机制和构造模式 [M]. 北京: 石油工业出版社.

刘招君, 孙平昌, 杜江峰, 等, 2010. 汤原断陷古近系扇三角洲沉积特征 [J]. 吉林大学学报 (地球科学版), 40 (1): 1-8.

刘正伟, 李文厚, 张龙, 等, 2011. 安塞油田长 10 油层组砂岩粒度与沉积环境的关系 [J]. 陕西科技大学学报, 29 (1): 112-116.

刘之的, 刘红歧, 代诗华, 等, 2008. 火山岩裂缝测井定量识别方法 [J]. 大庆石油地质与开发, 27 (5): 132-134.

刘宗利, 王祝文, 刘菁华, 等, 2018. 辽河东部凹陷火山岩相测井响应特征及储集意义 [J]. 吉林大学学报 (地球科学版), 48 (1): 285-297.

罗静兰, 林潼, 杨知盛, 等, 2008. 松辽盆地升平气田营城组火山岩岩相及其储集性能控制因素分析 [J]. 石油与天然气地质, 29 (6): 748-757.

罗平, 裘怿楠, 贾爱林, 等, 2003. 中国油气储层地质研究面临的挑战和发展方向 [J]. 沉积学报, 21 (1): 142-147.

罗群, 姜振学, 庞雄奇, 2007. 断裂控藏机理与模式 [M]. 北京: 石油工业出版社.

吕延防，付广，付晓飞，等，2013.断层对油气的疏导与封堵作用［M］.北京：石油工业出版社.

吕延防，付广，张云峰，等，2002.断层封闭性研究［M］.北京：石油工业出版社.

马世忠，吕桂友，闫百泉，等，2008.河道单砂体"建筑结构控三维非均质模式"研究［J］.地学前缘，15（1）：57-64.

梅志超，1994.沉积相与古地理重建［M］.西安：西北大学出版社.

穆龙新，2000.油藏描述的阶段性及特点［J］.石油学报，21（5）：103-108.

聂凯轩，陆正元，王怀中，等，2007.岩石龟裂系数法在火山岩裂缝储层预测中的应用［J］.石油地球物理勘探，42（2）：186-189.

潘峰，林春明，李艳丽，等，2011.钱塘江南岸SE2孔晚第四纪以来沉积物粒度特征及环境演化［J］.古地理学报，13（2）：236-244.

庞雯，侯明才，陈义才，等，2004.克拉玛依油田530井区下乌尔禾组冲积扇与油水分布特征克拉玛依油田530井区下乌尔禾组冲积扇与油水分布特征［J］.成都理工大学学报（自然科学版），31（5）：505-510.

彭松，卢宗盛，文静，等，2009.曙三区复杂断块储集层流动单元研究［J］.石油天然气学报（江汉石油学院学报），31（4）：170-175.

乔文孝，阎树汶，1997.用声波测井资料识别油气水层［J］.测井技术，21（3）：215-220.

覃建华，周锡生，唐春苹，等，2010.砾岩油藏开发区块分类评价方法［J］.大庆石油地质与开发，29（3）：74-77.

覃荣高，曹广祝，仵彦卿，2014.非均质含水层中渗流与溶质运移研究进展［J］.地球科学进展，29（1）：30-41.

邱旭明，2011.下扬子海相地层地震内幕反射的地质成因［J］.石油与天然气地质，32（3）：397-403.

裘亦楠，薛叔浩，1997.油气储层评价技术（修订版）［M］.北京：石油工业出版社，249-254.

裘怿楠，陈子琪，1996.油藏描述［M］.北京：石油工业出版社.

裘怿楠，贾爱林，2000.储层地质模型十年［J］.石油学报，21（4）：101-104.

裘怿楠，薛叔浩，应凤祥，1997.中国陆相油气储集层［M］.北京：石油工业出版社.

裘怿楠，1997.裘怿楠石油开发地质文集［M］.北京：石油工业出版社.

任宝生，芦凤明，2004.黄骅坳陷北大港油田唐家河开发区东三段储层精细描述［J］.石油实验地质，26（1），58-62.

商晓飞，龙胜祥，段太忠，2021.页岩气藏裂缝表征与建模技术应用现状及发展趋势［J］.天然气地球科学，32（2）：215-232.

沈传波，李祥权，杜学斌，2003.流体包裹体在油田断裂研究中的某些应用［J］.大庆石油地质与开发，22（4）：4-6.

沈勇伟，徐恒，张春光，等，2007.克拉玛依油田六中区克上组流动单元研究［J］.西南石油大学学报，29（4）：53-55.

施尚明，孙小洁，韩殿杰，1999.油、气、水层综合识别的概率法及其应用［J］.大庆石油地质与开发，18（3）：13-15.

舒明媚，陈河青，王健，等，2012.尕斯库勒E_3^1油藏辫状河三角洲前缘亚相储层流动单元研究［J］.复杂油气藏，5（2）：41–44.

舒萍，丁日新，曲延明，等，2007.徐深气田火山岩储层岩性岩相模式［J］.天然气工业，27（8）：
　　23–27.

宋璠，杨少春，苏妮娜，等，2015.扇三角洲前缘储层构型界面划分与识别——以辽河盆地欢喜岭油田锦
　　99区块杜家台油层为例［J］.30（1）：7–13.

宋梅远，2014.测井曲线重构在哈山地区油气水层判识中的综合应用［J］.科学技术与工程，14（19）：
　　211–216.

宋子齐，王艳，王宏，等，2008.克拉玛依油田砾岩油藏剩余油分布与挖潜方向［J］.大庆石油地质与开
　　发，27（3）：44–47.

宋子齐，杨金林，潘玲黎，等，2005.利用粒度分析资料研究砾岩储层有利沉积相带［J］.油气地质与采
　　收率，12（6）：16–18.

孙素青，2001.辽河盆地西部凹陷沙河街组西八千扇体沉积特征及其控制因素［J］.古地理学报，3（2）：
　　92–98.

孙文鹏，方茂龙，蔡文伯，等，2000.断裂构造的有序性及断裂研究的三个阶段［J］.地质论评，46（增刊），
　　305–311.

孙圆辉，宋新民，冉启全，等，2009.长岭气田火山岩岩性和岩相特征及其对储集层的控制［J］.石油勘
　　探与开发，36（1）：68–73.

谭延栋，1990.碳氧比能谱测井解释油气水层的方法基础及油田应用实例［J］.物探与化探，14（5）：
　　346–156.

汤小燕，王兴元，朱永红，2009.综合概率法评价火山岩裂缝发育程度［J］.天然气勘探与开发，32（1）：
　　26–27，38.

唐华风，王璞珺，姜传金，等，2007.松辽盆地白垩系营城组隐伏火山机构物理模型和地震识别［J］.地
　　球物理学进展，22（2）：530–536.

唐建明，2002.塔河油田石炭系储层油气预测方法［J］.石油地球物理勘探，37（4）：343–348.

唐勇，徐洋，瞿建华，等，2014.玛湖凹陷百口泉组三角洲群特征及分布［J］.新疆石油地质，35（6）：
　　628–635.

王改云，杨少春，廖飞燕，等，2009.辫状河储层中隔夹层的层次结构分析［J］.天然气地球科学，20（3）：
　　278–383.

王建民，张三，2018.鄂尔多斯盆地伊陕斜坡上的低幅度构造特征及成因探讨［J］.地学前缘，25（2）：
　　246–253.

王俊虎，杨铎杰，2008.3 D Surfer 在地质体属性建模及可视化中的应用［J］.金属矿山，383（5）：
　　117–119，124.

王珂，张荣虎，戴俊生，等，2017.塔里木盆地克深2气田储层构造裂缝成因与演化［J］.中南大学学报
　　（自然科学版），48（5）：1242–1251.

王乃举，1999.中国油藏开发模式总论［M］.北京：石油工业出版社.

王璞珺，冯志强，2008.盆地火山岩岩性、岩相、储层、气藏、勘探［M］.北京：科学出版社.

王喜双，甘利灯，易维启，等，2006.油藏地球物理技术进展［J］.石油地球物理勘探，41（5）：606–613.

王英南，郜玉清，2009.松辽盆地兴城地区营一段火山岩岩性、岩相及孔隙结构特征研究［J］.中国石油勘探，1：24-29.

王拥军，胡永乐，冉启全，等，2007.深层火山岩气藏储层裂缝发育程度评价［J］.天然气工业，27（8）：31-34.

王拥军，闫林，冉启全，等，2007.兴城气田深层火山岩气藏岩性识别技术研究［J］.西南石油大学学报，29（2）：78-81.

王勇，钟建华，2010.湖盆扇三角洲露头特征及与油气的关系［J］.油气地质与采收率，17（3）：6-11.

王友净，宋新民，田昌炳，等，2015.动态裂缝是特低渗透油藏注水开发中出现的新的开发地质属性［J］.石油勘探与开发，42（2）：222-228.

王郑库，欧成华，李凤霞，2007.火山岩储层岩性识别方法研究［J］.国外测井技术，22（1）：8-11.

王志章，1999.裂缝性油藏描述及预测［M］.北京：石油工业出版社.

文武，文晓涛，2011.曲率在复杂地质体检测中的应用［J］.石油天然气学报，33（7）：84-87.

沃马克•施密特，戴维•A.麦克唐纳，1982.砂岩成岩过程中的次生储集孔隙［J］.陈荷立，汤锡元译.北京：石油工业出版社.

吴河勇，杨峰平，任延广，等，2002.松辽盆地北部徐家围子断陷徐深1井区气藏评价［M］.北京：石油工业出版社.

吴健，胡向阳，梁玉楠，等，2015.北部湾盆地高放射性储层地质成因分析与评价［J］.特种油气藏，22（1）：79-83.

吴林，陈清华，2015.苏北盆地高邮凹陷基底断裂构造特征及成因演化［J］.天然气地球科学，26（4）：689-699.

吴明，王绪龙，张越迁，等，2012.油气水层地球化学识别在准噶尔盆地陆西地区的应用［J］.新疆石油地质，33（5）：543-546.

吴胜和，纪友亮，岳大力，等，2013.碎屑岩沉积地质体构型分级方案探讨［J］.高校地质学报，19（1）：12-22.

吴胜和，金振奎，黄沧钿，等，1999.储层建模［M］.北京：石油工业出版社.

吴胜和，刘英，范峥，等，2003.应用地质和地震信息进行三维沉积微相随机建模［J］.古地理学报，5（4）：439-449.

吴胜和，王仲林，1999.陆相储层流动单元研究的新思路［J］.沉积学报，17（2）：252-257.

吴胜和，武军昌，李恕军，等，2003.安塞油田坪桥水平井区沉积微相三维建模研究［J］.沉积学报，21（2）：266-271.

吴胜和，熊琦华，1998.油气储层地质学［M］.北京：石油工业出版社.

吴胜和，伊振林，许长福，等，2008.新疆克拉玛依油田六中区三叠系克下组冲积扇高频基准面旋回与砂体分布型式研究［J］.高校地质学报，24（2）：157-163.

吴胜和，2010.储层表征与建模［M］.北京：石油工业出版社.

吴永平，昌伦杰，陈文龙，等，2015.裂缝表征及建模在迪那2气田的应用［J］.断块油气田，22（1）：78-81.

吴元燕，吴胜和，蔡正旗，2005.油矿地质学（第三版）［M］.北京：石油工业出版社.

武军昌，吴胜和，尹伟．等，2002.黄骅坳陷港西开发区新近系明化镇组沉积微相三维建模［J］.古地理学报，4（4）：39-46.

夏位荣，张占峰，程时清，1999.油气田开发地质学［M］.北京：石油工业出版社.

谢建华，2006.南海新生代构造演化及其成因数值模拟［D］.广州：中国科学院广州地球化学研究所.

徐春华，孙涛，宋子齐，等，2007.应用粒度分析资料建立洪积扇沉积环境判别模式——以克拉玛依油田七中东区克拉玛依组为例［J］.新疆地质，25（2）：187-191.

徐华宁，陆敬安，梁金强，2017.珠江口盆地东部海域近海底天然气水合物地震识别及地质成因［J］.地学前缘，24（4）：57-65.

徐睿，奥立德，2016.北加蓬次盆白垩系盐构造发育特征及成因分析［J］.中国石油勘探，21（5）：70-74.

徐正顺，王渝明，庞彦明，等，2006.大庆徐深气田火山岩气藏储集层识别与评价［J］.石油勘探与开发，33（5）：521-531.

徐正顺，王渝明，庞彦明，等，2008.大庆徐深气田火山岩气藏的开发［J］.天然气工业，28（12）：74-77.

薛雁，林会喜，张奎华，等，2017.哈拉阿拉特山地区构造特征及成因机制模拟［J］.大地构造与成矿学，41（5）：843-852.

闫东育，李江陵，许庆国，等，2001.随钻地震预测地层压力及判断油气水层［J］.中国石油勘探，6（2）：54-56.

严耀祖，段天向，2008.厚油层中隔夹层识别及井间预测技术［J］.岩性油气藏，20（2）：127-131.

杨碧松，2000.低矿化度地层水地层油气水层识别研究［J］.天然气工业，20（2）：42-44.

杨传胜，杨长清，张剑，等，2017.东海陆架盆地中生界构造样式及其动力学成因探讨［J］.海洋通报，36（4）：431-439.

杨坤光，袁晏明，2009.地质学基础［M］.武汉：中国地质大学出版社.

杨敏，2014.张家垛油田阜三段四性关系及有效厚度下限的确定［J］.石油地质与工程，28（2）：64-66.

杨田，操应长，王艳忠，等，2015.渤南洼陷沙四下亚段扇三角洲前缘优质储层成因［J］.地球科学，40（12）：2067-2080.

杨小萍，刘桂侠，马文杰，等，2001.层序地层学研究现状及发展趋势［J］.西北地质，34（2）：16-20.

杨欣德，王宗秀，郭通珍，等，2008.青海巴颜喀拉山三叠系复理石沉积粒度概率累积曲线的特征［J］.地质通报，27（4）：477-490.

杨绪充，1993.油气田水文地质学［M］.山东东营：中国石油大学出版社.

杨正明，郭和坤，刘学伟，等，2012.特低—超低渗透油气藏特色实验技术［M］.北京：石油工业出版社.

杨正明，霍凌静，张亚蒲，等，2010.含水火山岩气藏气体非线性渗流机理研究［J］.天然气地球科学，21（3）：371-374.

叶庆全，袁敏，2009.油气田开发常用名词解释［M］.3 版.北京：石油工业出版社.

叶淑君，吴吉春，薛禹群，2004.多尺度有限单元法求解非均质多孔介质中的三维地下水流问题［J］.地球科学进展，19（3）：437-442.

尹楠鑫，张吉，李存贵，等，2017.改进的基于目标的高精度沉积微相建模方法在苏14加密实验区的应用［J］.成都理工大学学报（自然科学版），44（1）：76-85.

尹艳树，吴胜和，张昌民，等，2006.用多种随机建模方法综合预测储层微相［J］.石油学报，27（2）：
68-71.

尹艳树，瞿瑞，吴胜和，2007.综合多学科信息建模——以港东开发区二区六区块储层微相三维分布模型
为例［J］.天然气地球科学，18（3）：408-411.

雍自权，杨锁，钟韬，等，2010.大涝坝地区巴什基奇克组隔夹层特征及分布规律［J］.成都理工大学学
报（自然科学版），37（1）：50-54.

于晶，刘大锰，文瑞霞，等，2009.松辽盆地北部安达断陷营城组火山岩岩相的地震识别［J］.地质科学，
44（2）：595-604.

于景才，原福堂，邱辉丽，等，2005.测井新技术在复杂岩性地层中的地质应用［J］.石油天然气学报，
27（2）：345-348.

于兴河，陈建阳，张志杰，等，2005.油气储层相控随机建模技术的约束方法［J］.地学前缘，12（3）：
237-244.

于兴河，瞿建华，谭程鹏，等，2014.玛湖凹陷百口泉组扇三角洲砾岩岩相及成因模式［J］.新疆石油地
质，35（6）：619-627.

于兴河，张道建，郜建军，等，1999.辽河油田东、西部凹陷深层沙河街组沉积相模式［J］.古地理学报，
1（3）：40-49.

袁红旗，王蕾，于英华，等，2019.沉积学粒度分析方法综述［J］.吉林大学学报（自然科学版），49（2）：
380-393.

袁士义，宋新民，冉启全，2004.裂缝性油藏开发技术［M］.北京：石油工业出版社.

袁文芳，陈世悦，曾昌民，等，2005.柴达木盆地西部地区古近—新近系碎屑岩粒度概率累计曲线特征
［J］.石油大学学报（自然科学版），29（5）：12-18.

曾联波，柯式镇，刘洋，2010.低渗透油气储层裂缝研究方法［M］.北京：石油工业出版社.

曾联波，2008.低渗透砂岩储层裂缝的形成与分布［M］.北京：石油工业出版社.

瞿光明，王世洪，靳久强，2009.论块体油气地质体与油气勘探［J］.石油学报，30（4）：475-483.

张博为，付广，张居和，等，2017.沿不同时期断裂运移的油气被泥岩盖层封闭所需条件的差异性——以
三肇凹陷青一段和南堡四陷5号构造东二段为例［J］.石油与天然气地质，38（1）：22-28.

张昌民，朱锐，尹太举，等，2015.扇三角洲沉积学研究进展［J］.新疆石油地质，36（3）：362-368.

张凤莲，曹国银，李玉清，等，2007.地震属性分析技术在松辽北徐东地区火山岩裂缝中的应用［J］.大
庆石油学院学报，31（2）：12-14.

张厚福，张善文，王永诗，等，2007.油气藏研究的历史、现状和未来［M］.北京：石油工业出版社.

张继标，云金表，张仲培，等，2014.塔里木盆地玉北地区奥陶系储层构造裂缝成因模式［J］.地质力学
学报，20（4）：413-423.

张金亮，谢俊，2011.油田开发地质学［M］.北京：石油工业出版社.

张君劢，于兴河，章彤，等，2013.滴12井区八道湾组扇三角洲隔夹层对注采关系的影响［J］.新疆石
油地质，34（5）：548-551.

张林艳，2006.塔河油田奥陶系缝洞型碳酸盐岩油藏的储层连通性及其油（气）水分布关系［J］.中外能

源，11（5）：32-36.

张平，宋春晖，杨用彪，等，2008. 稳定湖相沉积物和风成黄土粒度判别函数的建立及其意义［J］. 沉积学报，26（3）：501-507.

张璞，陈建强，田明中，等，2005. 沉积物粒度分析在厦门市第四纪环境研究和地层划分对比中的应用［J］. 地球科学与环境学报，27（1）：88-94.

张勤，翟伟，彭建兵，等，2012. 渭河盆地地裂缝群发机理及东、西部地裂缝分布不均衡构造成因研究［J］. 地球物理学报，55（8）：2589-2597.

张庆国，鲍志东，宋新民，等，2008. 扶余油田扶余油层储层单砂体划分及成因分析［J］. 石油勘探与开发，35（2）：157-163.

张素梅，潘天有，张玉林，2003. 定量化分析在博山地区太原组、山西组沉积环境分析中的应用［J］. 山东科技大学学报（自然科学版），22（4）：45-48.

张卫海，王韬，何畅，等，2015. 金湖凹陷铜城断层构造特征与成因分析［J］. 中国石油大学学报（自然科学版），39（5）：18-26.

张文宾，林景晔，刘概琴，等，2002. 对应分析油气水层识别方法及应用［J］. 大庆石油地质与开发，21（6）：8-9.

张学汝，陈和平、张吉昌，等，1999. 变质岩储层构造裂缝研究技术［M］. 北京：石油工业出版社.

张雁，秦秋寒，2018. 基于地质成因的砂岩储层微观孔隙结构分形特征分析［J］. 湘潭大学自然科学学报，40（3）：95-99.

张义杰，2010. 准噶尔盆地断裂控油特征与油气成藏规律［M］. 北京：石油工业出版社.

章凤奇，宋吉水，沈忠悦，等，2007. 松辽盆地北部深层火山岩剩磁特征及裂缝定向研究［J］. 地球物理学报，50（4）：1167-1173.

赵翰卿，2005. 高分辨率层序地层对比与我国的小层对比［J］. 大庆石油地质与开发，2，24（1）：5-12.

赵军，2000. 模糊灰关联分析法在测井识别油气水层中的应用［J］. 测井技术，24（5）：337-339.

赵俊堂，2013. 浮子流量测井图谱在识别油气水方面的应用［J］. 石油天然气学报（江汉石油学院学报），35（10）：236-239.

赵培华，2003. 油田开发水淹层测井技术［M］. 北京：石油工业出版社.

赵文智，邹才能，冯志强，等，2008. 松辽盆地深层火山岩气藏地质特征及评价技术［J］. 石油勘探与开发，35（2）：129-142.

赵迎月，顾汉明，李宗杰，等，2010. 塔中地区奥陶系典型地质体地震识别模式［J］. 吉林大学学报（地球科学版），40（6）：1262-1270，1286.

赵争光，杨瑞召，马彦龙，等，2013. 共等值线抽道集叠加识别油气水界面方法及其应用［J］. 天然气地球科学，24（4）：808-814.

郑荣才，文华国，李凤杰，2010. 高分辨率层序地层学［M］. 北京：地质出版社.

郑荣才，吴朝荣，任作伟，等，1999. 辽河坳陷西部凹陷深层沙河街组层序地层与生储盖组合［J］. 复式油气田，4：48-53.

郑雅丽，孙军昌，邱小松，等，2020. 油气藏型储气库地质体完整性内涵与评价技术［J］. 天然气工业，40（5）：94-103.

郑占, 吴胜和, 许长福, 等, 2010.克拉玛依油田六区克下组冲积扇岩石相及储层质量差异［J］.石油与天然气地质, 31（4）: 463-471.

钟大康, 张国喜, 2002.人工神经网络在录井油气水层识别中的应用［J］.西南石油学院学报, 24（3）: 28-30.

周凤鸣, 司兆伟, 马越姣, 等, 2008.南堡凹陷低电阻率油气层综合识别方法［J］.石油勘探与开发, 35（6）: 680-684.

周磊, 操应长, 2010.碎屑颗粒粒度分析在东营凹陷辛176块沙四上亚段砂体成因研究中的应用［J］.地球学报, 31（4）: 563-573.

周丽清, 熊琦华, 吴胜和, 2001.随机建模中相模型的优选验证原则［J］.石油勘探与开发, 28（1）: 68-71.

周丽清, 赵丽敏, 赵国梁, 等, 2002.高分辨率地震约束相建模［J］.石油勘探与开发, 29（3）: 56-58.

朱家俊, 2006.济阳坳陷低电阻率油层的微观机理及地质成因［J］.石油学报, 27（6）: 43-46.

朱家俊, 2008.低孔低渗油藏具高含油饱和度现象的地质成因分析——以胜利油区东营凹陷油藏为例［J］.石油天然气学报（江汉石油学院学报）, 30（3）: 64-67.

朱青, 王富葆, 曹琼英, 等, 2009.罗布泊全新世沉积特征及其环境意义［J］.地层学杂志, 33（3）: 283-290.

朱锐, 张昌民, 龚福华, 等, 2010.粒度资料的沉积动力学在沉积环境分析中的应用: 以江汉盆地西北缘上白垩统红花套组沉积为例［J］.高校地质学报, 16（3）: 358-364.

朱筱敏, 刘芬, 谈明轩, 等, 2015.济阳坳陷沾化凹陷陡坡带始新统沙三段扇三角洲储层成岩作用与有利储层成因［J］.地质论评, 61（4）: 843-851.

朱筱敏, 2008.沉积岩石学［M］.4版.北京: 石油工业出版社.

朱筱敏, 2000.层序地层学［M］.东营: 中国石油大学出版社.

庄培仁, 常志忠, 1996.断裂构造研究［M］.北京: 地震出版社.

A Hofmann, P H G M Dirks, H A Jelsma, et al, 2003. A tectonic origin for ironstone horizons in the Zimbabwe craton and their significance for greenstone belt geology［J］. Journal of the geological society, London, 160: 83-97.

A M Casas-Sainz, G de Vicente, 2009. On the tectonic origin of Iberian topography［J］. Tectonophysics, 474: 214-235.

A Martín-Izard, P Gumiel, M Arias, et al, 2009. Fuertes-Fuente, R. Reguilon. Genesis and evolution of the structurally controlled vein mineralization（Sb-Hg）in the Escarlati deposit（León, Spain）: Evidence from fault population analysis methods, fluid-inclusion research and stable isotope data［J］. Journal of Geochemical Exploration, 100: 51-66.

Alexander Klimchouk, Augusto S Auler, Francisco H R Bezerra, et al, 2016. Hypogenic origin, geologic controls and functional organization of a giant cave system in Precambrian carbonates, Brazil［J］. Geomorphology, 253: 385-405.

Alvar Braathen, Jan Tveranger, Haakon Fossen, et al, 2009. Fault facies and its application to sandstone reservoirs［J］. AAPG Bulletin, 93（7）: 891-917.

Arthur P C Lavenu, Juliette Lamarche, Arnaud Gallois, et al, 2013. Tectonic versus diagenetic origin of fractures in a naturally fractured carbonate reservoir analog (Nerthe anticline, southeastern France) [J] . AAPG Bulletin, 97 (12) : 2207-2232.

B A Stenger, M S Ameen, Sa'ad Al-Qahtani, et al, 2002. Pore Pressure Control of Fracture Reactivation in the Ghawar Field, Saudi Arabia [J] . SPE 77642: 1-11.

C J Warren, J Mc L Miller, 2007. Structural and stratigraphic controls on the origin and tectonic history of a subducted continental margin, Oman [J] . Journal of Structural Geology, 29: 541-558.

Chen Huanqing, Zhu Xiaomin, Zhang Gongcheng, et al, 2012. Seismic facies in a deepwater area of a marine faulted basin : deepwater area of the Paleogene Lingshui Formation in the Qingdongnan Basin [J] . Acta Geologica Sinca, 86 (2) : 473-483.

Cheng-Shin Jang, 2010. Applying scores of multivariate statistical analyses to characterize relationships between hydrochemical properties and geological origins of springs in Taiwan [J] . Journal of Geochemical Exploration, 105: 11-18.

Cross T A, 1994. High-resolution, stratigraphic correlation from the perspective of base-level cycles and sediment accommodation [C] //Anon. Proceedings of Northwestern European sequence stratigraphy congress, 105-123.

Deutsch C V, Journel A G, 1996. GSLIB : Geostatistical software library and user guide [M] . London : Oxford University Press, 167-179.

E d' Huteau, Repsol Y P F, E Breda, et al, 2001. Stimulation with Hydraulic Fracture of an Upper Cretaceous Fissured Tuff System in the San Jorge Basin, Argentina[J] . SPE69586, 1-11.

E Rothery, 2001. Tectonic origin of the shape of the Broken Hill lodes supported by their structural setting in a high-grade shear zone [J] . Australian Journal of Earth Sciences, 48, 201-220.

Emily H G Cooperdock, Natalie H Raia, Jaime D Barnes, et al, 2018. Tectonic origin of serpentinites on Syros, Greece : Geochemical signatures of abyssal origin preserved in a HP/LT subduction complex [J] . Lithos, 296-299, 352-364.

Francesc Sàbat, Bernadí Gelabert, Antonio Rodríguez-Perea, et al, 2011. Geological structure and evolution of Majorca : Implications for the origin of the Western Mediterranean [J] . Tectonophysics, 510 : 217-238.

Francesco Dela Pierre, Andrea Festa, Andrea Irace, 2007. Interaction of tectonic, sedimentary, and diapiric processes in the origin of chaotic sediments : An example from the Messinian of Torino Hill (Tertiary Piedmont Basin, northwestern Italy) [J] . GSA Bulletin, 119 (9/10) : 1107-1119.

G M Dipple, P Bons, N H S Oliver, 2005. A vector of high-temperature paleo-fluid flow deduced from mass transfer across permeability barriers (quartz veins)[J] . Geofluids, 5: 67-82.

G Yuce, F Italiano, W D' Alessandro, et al, 2014. Origin and interactions of fluids circulating over the Amik Basin (Hatay, Turkey) and relationships with the hydrologic, geologic and tectonic settings [J] . Chemical Geology, 388: 23-39.

Gavin R T Wall, Hugh C Jenkyns, 2004. The age, origin and tectonic significance of Mesozoic sediment-filled fissures in the Mendip Hills(SW England) : implications for extension models and Jurassic sea-level curves [J] .

Geol Mag, 141(4): 471–504.

Giulio Morteani, Y Kostitsyn, C Preinfalk, et al, 2010. The genesis of the amethyst geodes at Artigas (Uruguay) and the paleohydrology of the Guarani aquifer: structural, geochemical, oxygen, carbon, strontium isotope and fluid inclusion study [J]. Int J Earth Sci (Geol Rundsch), 99: 927–947.

Grégory Dufréchou, Lyal B Harris, 2013. Tectonic models for the origin of regional transverse structures in the Grenville Province of SW Quebec interpreted from regional gravity [J]. Journal of Geodynamics, 64: 15–39.

Hassan Ibouh, André Michard, André Charrière, et al, 2014. Tectonic-karstic origin of the alleged "impact crater" of Lake Isli (Imilchil district, High Atlas, Morocco) [J]. Comptes rendus Geoscience, 346: 82–89.

Hong Tang, Hancheng Ji, 2004. Incorporation of Spatial Characters into Volcanic Facies and Favorable reservoir prediction [J]. SPE90847, 1–11.

Huanqing Chen, 2019. Fracture Study and Its Applied in Oil and gas Field Development [J]. Arabian Journal of Geosciences, 12: 546.

Iain Neill, Jennifer A Gibbs, Alan R Hastie, et al, 2010. Origin of the volcanic complexes of LaDésirade, Lesser Antilles: Implications for tectonic reconstruction of the Late Jurassic to Cretaceous Pacific-proto Caribbean margin [J]. Lithos, 120: 407–420.

Jack E Deibert, Phyllis A, 2006. Camilleri. Sedimentologic and tectonic origin of an incised-valley-fill sequence along an extensional marginal-lacustrine system in the Basin and Range province, United States: Implications for predictive models of the location of incised valleys [J]. AAPG Bulletin, 90 (2): 209–235.

Jacques Charvet, Liangshu Shu, Michel Faure, et al, 2010. Structural development of the Lower Paleozoic belt of South China: Genesisof an intracontinental orogen [J]. Journal of Asian Earth Sciences, 39: 309–330.

James F Hogan, Fred M Phillips, Suzanne K. Mills, et al, 2007. Geologic origins of salinization in a semi-arid river: The role of sedimentary basin brines [J]. Geology, 35 (12): 1063–1066.

Joseph D D, Shankar M, 2006. Three-dimensional structural model of the painter and east painter reservoir structures, Wyoming fold and thrust belt [J]. AAPG Bulletin, 90 (8): 1171–1185.

Juan Jiménez-Millán, Luis M Nieto, 2008. Geochemical and mineralogical evidence of tectonic and sedimentary factors controlling the origin of ferromanganese crusts associated to stratigraphic discontinuities (Betic Cordilleras, SE of Spain) [J]. Chemie der Erde, 68: 323–336.

K Saalmann, I Mänttäri, C Nyakecho, et al, 2016. Age, tectonic evolution and origin of the Aswa Shear Zone in Uganda: Activation of an oblique ramp during convergence in the East African Orogen [J]. Journal of African Earth Sciences, 117: 303–330.

Kuniyuki Furukawa, Koji Uno, Taro Shinmura, et al, 2014. Origin and mode of emplacement of lithic-rich breccias at Aso Volcano, Japan: Geological, paleomagnetic, and petrological reconstruction [J]. Journal of Volcanology and Geothermal Research, 276: 22–31.

Lee K. Gani M R, McMechan G A, et al, 2007. Three-dimensional facies architecture and three-dimensional calcite concretion distributions in a tide-influenced delta front, W all Creek Member, Frontier Formation, Wyoming [J]. AAPG Bulletin, 92 (2): 191–214.

Lianbo Zeng, Yonghong He, Weiliang Xiong, 2010. Origin and Geological Significance of the Cross Fractures in the Upper Triassic Yanchang Formation, Ordos Basin, China [J] . Energy exploration & exploitation, 28 (2) : 59–70.

M K Sarmah, A Borthakur, A Dutta, 2010. Interfacial and Thermal Characterization of Asphaltenes Separated from Crude Oils Having Different Geological Origins [J] . Petroleum Science and Technology, 28: 1068–1077.

Maarten P Corver, Harry Doust, Jan Diederik van Wees, 2009. Classification of rifted sedimentary basins of the Pannonian Basin System according to the structural genesis, evolutionary history and hydrocarbon maturation zones [J] . Marine and Petroleum Geology, 26: 1452–1464.

Maciej J Kotarba, Keisuke Nagao, Paweł H, 2014. Karnkowski. Origin of gaseous hydrocarbons, noble gases, carbon dioxide and nitrogen in Carboniferous and Permian strata of the distal part of the Polish Basin : Geological and isotopic approach [J] . Chemical Geology, 383: 164–179.

Margot Mcmechan, 2007. Nature, origin and tectonic significance of anomalous transverse structures, southeastern Skeena Fold Belt, British Columbia [J] . Bulletin of Candian petroleum geology, 55 (4): 262–274.

Matthew J P, Amanda I, Ellison R D, et al. 2007. Analysis and modeling of interm ediate–scale reservoir heterogeneity based on a fluvial point–bar outcrop analog, Williams Fork Formation, Piceance Basin, Colorado [J] . AAPG Bulletin, 91 (7): 1025–1051.

Miall A D, 1996. The geology of fluvial deposits, sedimentary facies, basin analysis and petroleum geology [M] . Berlin : Springer–Verlag.

Miall A D, 2006. Reconstructing the architecture and sequence stratigraphy of the preserved fluvial record as a tool for reservoir development : A reality check [J] . AAPG Bulletin, 90 (7): 989–1002.

Miall A D, 1985. Architectural–element analysis : A new method of facies analysis applied to fluvial deposits [J] . Earth Science Reviews, 22: 261–308.

Miall A D, 1988. Architectural elements sand bounding surfaces in fluvial deposits : Anatomy of the Kayenta Formation (Lower Jurassic), Southwest Colorado [J] . Sedimentary Geology, 155: 233 –262.

Mitchell J Malone, George Claypool, Jonathan B Martin, et al, 2002. Variable methane fuxes in shallow marine systems over geologic time The composition and origin of pore waters and authigenic carbonates on the New Jersey shelf [J] . Marine, 189: 175–196.

Mohamed A Agha, Ferre U, George F. Hart, et al, 2013. Minerlogy of Egyptian bentonitic clays II : geologic origin [J] . Clays and clay minerals, 61 (6): 551–565.

Mohammed S Ameen, Ismail M Buhidma, Zillur Rahim, 2010. The function of fractures and in–situ stresses in the Khuff reservoir performance, onshore fields, Saudi Arabia [J] . AAPG Bulletin, 94 (1): 27–60.

Mualla Cengiz C, Naci Orbay, 2010. The origin of Neogene tectonic rotations in the Galatean volcanic massif, central Anatolia [J] . International Journal of Earth Sciences (Geol Rundsch), 99: 413–426.

N P James, Y Bone, R M Carter, et al, 2006. Origin of the Late Neogene Roe Plains and their calcarenite veneer : implications for sedimentology and tectonics in the Great Australian Bight [J] . Australian Journal of Earth Sciences, 53, 407–419.

N S Botros, 2015. The role of the granite emplacement and structural setting on the genesis of gold mineralization in Egypt [J]. Ore Geology Reviews, 70: 173–187.

Oriol F, Pau A, Andy G, et al, 2006. Best practice stochastic facies modeling from a channel–fill turbidite sandstone analog (the Quarry outcrop, Eocene Ainsa basin, northeast Spain)[J]. AAPG Bulletin. 90 (7): 1003–1029.

Q Li, J A Simo, B McGowran, et al, 2004. The eustatic and tectonic origin of Neogene unconformities from the Great Australian Bight [J]. Marine Geology, 203: 57–81.

Qi Lianshuang, Cart T R, Goldstein R H, 2007. Geostatistical three–dimensional modeling of oolite shoals, St. Louis Lim estone, southwest Kansas [J]. AAPG Bulletin, 91 (1): 69–96.

Ranie L, Elizabeth H, 2006. Conceptual model for predicting mud–stone dimensions in sandy braided–river reservoirs [J]. AAPG Bulletin, 90 (8): 1273–1288.

S B Lobach–Zhuchenko, H R Rollinson, V P Chekulaev, et al, 2005. The Archaean sanukitoid series of the Baltic Shield : geological setting, geochemical characteristics and implications for their origin [J]. Lithos, 79: 107–128.

Saber Mohammadi, Mohammad Hossein Ghazanfari, MohsenMasihi, 2013. A pore–level screening study on miscible/immiscible displacements in heterogeneous models [J]. Journal of Petroleum Science and Engineering, 110: 40–54.

Seok–Jun Yang, Paul Duuring, Young–Seog Kim, 2013. Structural genesis of the Eunsan and Moisan low–sulphidation epithermal Au–Ag deposits, Seongsan district, Southwest Korea [J]. Miner Deposita, 48: 467–483.

Steven J I, John W S, 2006. A new conceptual model for the structural evolution of a regional salt detachment on the northeast Scotian margin, offshore eastern Canada [J]. AAPG Bulletin, 90 (9): 1407–1423.

Theo van Leeuwen, Charlotte M Allen, Ade Kadarusman, et al, 2007. Petrologic, isotopic, and radiometric age constraints on the origin and tectonic history of the Malino Metamorphic Complex, NW Sulawesi, Indonesia [J]. Journal of Asian Earth Science, 29: 751–777.

Tomohisa Kawamoto, Kozo Sato, 2000. Geological Modelling of a Heterogeneous Volcanic Reservoir by the Petrological Method[J]. SPE59407, 1–8.

Vail P R, Audemard F, Bowman S A, et al, 1991. The stratigraphic signatures of tectonics, eustasy and sedim entology : An over–view [C] // Einsele G, Ricken W, Seilacher A. Cycles and events in stratigraphy. Berlin : Springer–Verlag, 617–659.

Van Wagoner J C. Mitchum, Campion, et al, 1990. Siliciclastic sequence stratigraphy in well logs, cores and outcrops[M]. [S.l.]: [s.n.].

W E Galloway, David K Hobday, 1983. Terrigenous clastic depositional systems–Applications to Petroleum, coal, and uranium exploration[M]. New York : Spring–Verlag.